计算机视觉基础

主 编 宫文娟 刘 昕 李 昕 李华昱

ZHEJIANG UNIVERSITY PRESS
浙江大学出版社

图书在版编目（CIP）数据

计算机视觉基础 / 宫文娟等主编 . — 杭州 ：浙江
大学出版社，2020.12(2024.6重印)
ISBN 978-7-308-20843-7

Ⅰ. ①计… Ⅱ. ①宫… Ⅲ. ①计算机视觉 Ⅳ.
①TP302.7

中国版本图书馆 CIP 数据核字（2020）第 237737 号

计算机视觉基础

宫文娟　等主编

责任编辑	吴昌雷	
责任校对	王　波	
封面设计	续设计	
出版发行	浙江大学出版社	
	（杭州市天目山路 148 号　邮政编码 310007）	
	（网址：http://www.zjupress.com）	
排　版	杭州晨特广告有限公司	
印　刷	杭州杭新印务有限公司	
开　本	787mm×1092mm　1/16	
印　张	11.75	
字　数	245 千	
版 印 次	2020 年 12 月第 1 版　2024 年 6 月第 2 次印刷	
书　号	ISBN 978-7-308-20843-7	
定　价	35.00 元	

前言

党的二十大报告提出"教育、科技、人才是全面建设社会主义现代化国家的基础性、战略性支撑。必须坚持科技是第一生产力、人才是第一资源、创新是第一动力,深入实施科教兴国战略、人才强国战略、创新驱动发展战略,开辟发展新领域新赛道,不断塑造发展新动能新优势。"报告在建设现代化产业体系部分提出构建新一代信息技术、人工智能等一批新的增长引擎。计算机视觉是人工智能的一个重要分支,也是"新工科"建设的一个重点领域。随着人工智能和机器学习的发展,计算机视觉在各行各业都有着广泛的应用和巨大的潜力。本教材旨在为本科生提供一个系统、全面、前沿的计算机视觉教学资源,结合国内外最新的研究成果和应用案例,介绍计算机视觉的基本概念、主要方法和典型应用。本教材是编者们多年来从事计算机视觉教学和科研的积累和总结,希望能够激发学生对计算机视觉的兴趣和热情,培养学生的创新思维和实践能力,为我国的科技进步和社会发展贡献力量。

本教材可以作为计算机及其相关专业的本科教材,也可以作为计算机及其相关专业从业人员的自学参考用书,前驱课程包括"机器学习"、"数字图像处理"和"人工神经网络"。该教材涵盖了计算机视觉领域的基本问题:图像分类、图像分割、物体检测、识别、物体跟踪、多目视觉、图像问答等。本教材对这些问题的定义、主要方法等进行了介绍,同时考虑到计算机视觉是一门实践性很强的课程,教材中根据内容的实践性介绍经典的模型和实验案例,这些案例可作为上机实践的参考。建议将本门课程的学时设置为32理论学时加16上机学时,并按照章节顺序进行讲授。如果学时比较少,建议去掉第8章(多目视觉)和第9章(视觉问答)。

考虑到深度学习在计算机视觉领域的广泛应用,本教材添加了大量的深度学习的算法及其模型介绍。每个章节中都有介绍最新研究动态和目前最有效的算法,主要是介绍这些算法的主要思想和基本操作,但是一般不会涉及具体实现。很多最新的方法都有公开源代码和训练好的模型,感兴趣的同学可以根据参考文献进行深入阅读并进行实践应用。

这本教材是我们团队的共同心血,团队成员包括4名编者和5名学生(白婷婷、陈乐、刘航源、王志宽、徐文梅),其中,第1、2、3、6、7章由宫文娟编写,第8、9章由刘昕编写,第4、5章由李昕编写,李华昱参与了第1章的编写,感谢大家的辛苦付出。同时还要感谢为本教材提供图片素材的各位同学和朋友们。

由于作者水平有限，书中可能存在一些错误，我们诚挚地欢迎读者们指正。如果您有任何意见或建议，请发送至邮箱 *wenjuangong@upc.edu.cn*。我们期待您的反馈，以便我们能够不断改进和完善这本教材。再次感谢您的支持！

编者

2023 年 12 月

概　论

本章主要介绍有关计算机视觉的基本概念,其中包括计算机视觉的定义、计算机视觉的发展历史、计算机视觉的主要研究内容、计算机视觉的主要应用、计算机视觉的特点和计算机视觉方法的一般流程。

1.1　计算机视觉的定义

计算机视觉方法也称为机器视觉方法,是基于图像处理、机器学习、模式识别等手段,让计算机(或者机器)能像人通过眼睛观察世界一样去理解世界的一类方法。计算机视觉方法通常需要从二维数据或随时间变化的二维数据(通常是图像或者视频)中提取并重构三维信息以便让计算机或者其他机器设备认识周围的环境,从而做出响应或者交互。

Computer vision is about "computing properties of the 3-D world from one or more digital images." (Trucco &Verri, 1998)

计算机视觉方法被广泛应用到人机交互、智能机器人、智慧城市、智慧医疗等领域。我们的日常生活中也会接触大量的计算机视觉算法,例如在火车站通过人脸识别进站,或者实验室里通过指纹打卡等。在某些应用领域中,计算机视觉算法的准确率已经超出人类水平,例如通过人脸进行身份识别等。

传统的计算机视觉处理问题的方案大都经过图像预处理、特征提取和表示、建立模型和输出这些步骤。深度学习在解决了模型优化过程中梯度消失的问题后在很多领域得到了广泛应用,其中包括计算机视觉领域。深度学习提供了端到端的学习特征的方法,这使得计算机视觉领域很多问题的研究都发生了变革。

计算机视觉本身又包括了诸多不同的研究方向,比较基础和热门的几个方向包括图像分类、物体识别、实例分割、运动物体跟踪、多目视觉等,如图1-1所示。计算机视觉算法提供了自动理解视觉输入的方法,对输入数据进行处理,并回答输入数据中有什么物体、物体在什么地方、物体之间有什么关系等问题。

图像分类　　　　分类＋定位　　　　　　物体检测　　　　　　　实例分割

图 1-1　计算机视觉方法回答的问题

1.2　计算机视觉的发展历史

科学家通过研究动物和人的视觉系统,想让计算机能够进行模拟。计算机视觉中影响力非常大的一项工作是科学家对猫的视觉系统工作机制的研究。1959年,两位神经生理学家David Hube和Torsten Wiesel研究了猫的视皮质神经元的特性和反应以及视觉经验对其皮质结构的影响。科研人员通过实验发现,初级视觉皮层中包含简单和复杂神经元,并且视觉处理过程总是从边缘这类简单结构开始,例如边界。

1959年,Russel Kirsch等研制了一种设备,这种设备可以将影像转换成坐标方格样式的数字,二进制机器语言可以理解这样的格式。这项开创性的工作使得我们可以用机器处理图像。

1963年,麻省理工学院(MIT)的Larry Roberts提出将世界分解成简单几何体的机器感知模型,并被认为是现代计算机视觉的先驱。在其博士论文中,Roberts提出了从二维图像提取三维实体信息的方法。这项理论引领了MIT人工智能实验室的一系列研究并指导其他科研机构的科研人员基于简单物体去理解计算机视觉问题。随后,很多研究者都遵循Roberts的思路。

20世纪60年代,人工智能成为一门独立的学科。1966年,MIT人工智能实验室的Seymour A. Papert教授开设了暑期视觉研究课题[1],课题的目的是构建机器视觉系统。50年后,科学家们仍致力于解决计算机视觉问题,但是这个研究课题使计算机视觉正式成为科研领域中的一个里程碑。

1982年,英国神经科学家David Marr出版了《视觉:人类表示和处理视觉信息的计算研究》一书,该书影响了一代脑科学和认知科学家。2010年,MIT Press将这本书进行了重新出版[2]。Marr提出视觉认知是层次结构的,视觉系统的主要功能是创建环境的三维描述以便我们能够与其交互。Marr提出了一种由底向上的视觉框架,底层算法负责检测边界、曲线和角点等,在底层算法的基础上进行顶层理解。这个框架

---

[1]　https://dspace.mit.edu/handle/1721.1/6215。

[2]　http://mitpress.universitypressscholarship.com/view/10.7551/mitpress/9780262514620.001.0001/upso-9780262514620。

成为计算机视觉(或者图像理解)领域其后十多年的主导思想,但是它也存在一定的问题,因为并不是所有的计算机视觉问题都需要获取完整的三维模型信息。

从20世纪80年代开始,计算机视觉领域得到繁荣发展,涌现出了大量的算法和理论。1986年,韦兰研究公司的Robert K. McConnell在申请的专利中提出定向梯度直方图(HOG)方法。2005年,法国国家科学院的Navneet Dalal和Bill Triggs在计算机视觉与模式识别国际会议(CVPR)上发表文章,用HOG进行行人检测,使得HOG得到广泛应用。1999年,Lowe提出尺度不变特征变换(SIFT)方法,并在2004年获得专利。

基于"特征检测＋特征表示＋分类器/回归器"的方法被广泛应用,其中最著名的是词袋方法。1954年,Zellig Harris提出词袋并应用在语境分析中。2009年,Josef Sivic采用词袋模型解决计算机视觉问题。之后大量的研究工作都致力于如何从图像中挖掘特征、对特征进行表示并在词袋框架下进行图像理解。但是词袋方法在处理大量数据的时候会产生效率问题。

同时,基于深度神经网络的方法也得到突破性的进展。1989年,Yann LeCun采用反向传播的方式对卷积神经网络进行优化。经过若干年的研究,LeCun发布了第一个现代的卷积神经网络(CNN)LeNet-5[①],直到今天很多研究人员还在使用这个网络。之后相继出现了很多效果很好的模型,如AlexNet、GoogleNet、SSD、Yolo、ResNet、RCNN、deepfake、deeplab等。至此,深度学习几乎占领了计算机视觉的所有领域并获得实质性进展。

1.3　计算机视觉的主要研究内容

计算机视觉的研究内容主要包含以下几个方面。

1. 图像分类

图像分类是计算机视觉中非常重要的一个研究课题。历史上有很多关于计算机视觉的著名的挑战赛包含图像分类、语义分割以及物体检测和识别这几类。图像分类将图像作为输入,经过处理后输出该图像的类别或图像属于某个类别的概率。

2. 图像分割

图像分割指的是将数字图像划分成多个像素的集合(通常称为超像素)。该处理的目的是将离散无意义的单个像素组成的图像变成有组织和易于分析的成片区域。具体来说,图像分割方法为图像中的每一个像素点分配一个标签,拥有同一标签的像素点都具有某些相同的属性。图像分割的结果通常是区域的集合,全体集合覆盖整幅图像,或者是从图像中提取的区域边界集合。

---

① http://yann.lecun.com/exdb/lenet/

图像分割的应用很广泛,其中包括基于内容的图像检索,医学成像中对肿瘤和病灶进行定位、测量组织体积,进行物体检测和识别,交通控制等。在医学成像领域,如果对连续切片的图像进行分割获得器官边界,结合插值算法可以进行三维重构。

3. 物体检测和识别

物体检测和识别的主要任务是从图像或者视频中找到特定类别(例如人、马、街道、建筑等)的语义对象的实例。检测主要对物体进行定位,即回答"在哪里"的问题;而识别则负责对对象进行分类,即回答"是什么"的问题。研究比较透彻的有行人检测和人脸识别等方向,其中人脸识别算法目前已经在火车站等公共场合用来进行身份验证,其识别精度已经超过了人类的水平。

4. 物体跟踪

物体跟踪通过将视频中连续图像帧中的目标物体进行关联,实现视频中物体的持续定位。物体跟踪广泛地应用在人机交互、安防监控、视频通信和压缩、增强现实、流量控制、医学成像和视频编辑中。物体检测和识别方法也可以用来辅助物体跟踪方法,但是这样会增加方法的复杂度,因为物体检测和识别本身就是很复杂的问题。

5. 多目视觉

多目视觉主要是通过多幅二维图像或视频所呈现的三维世界中物体的结构或者运动信息建立模型,有时也称为三维重建。这些图像或视频可以是虚拟合成的,但是大部分是由照相机或者摄像机拍摄的现实世界的物体。多目视觉的一个核心问题是计算照相机或者摄像机相对于场景的位置和朝向。多目视觉通常被认为是计算机图形学方法的逆过程。

数字图像处理与计算机视觉有着千丝万缕的联系。数字图像处理通过对图像进行底层操作和处理,提供高质量的图像,从而让人能够更好地观察、存储或者传输图像。计算机视觉更多的是针对顶层的抽象和理解,通过模仿人类视觉,让计算机能够理解图像内容。信息提取(通常被称为特征提取)通过提取(通常是经过数字图像处理后)图像中的特征并进行表示,达到让计算机理解图像或者更迅速准确地处理视觉信息的目的。信息提取将计算机视觉和数字图像处理这两个领域进行了连接。

1.4 计算机视觉的主要应用

计算机视觉的应用领域非常广泛,几乎涵盖了能够想象到的所有领域。

1. 航空航天和军事

通过对卫星或者航天飞机装载的摄像机拍摄的图像进行处理,可以实现气象预测、环境污染监控和预报、土地测绘等功能。例如,沿海某些地区夏天海里会有大量浒苔,目前有的研究人员会利用卫星图像自动监控浒苔并进行报警。在军事领域,计算机视觉也有很广泛的应用,例如精确制导导弹等。

2. 医学

对X射线、超声、内镜图、磁共振等进行分析并成像也是计算机视觉领域的主要应用。计算机视觉算法还用来自动检测和定位病灶,辅助医生进行决策,其中研究比较深入的一个课题是通过图像自动检测直肠癌。

3. 工业

在工业领域,计算机视觉算法可以用来辅助进行零部件自动化组装、产品缺陷自动检测等。

4. 安防

在安防领域,计算机视觉算法可以用来实现身份识别,例如通过人脸识别乘客身份;还可以用来进行门禁控制和考勤,例如通过指纹识别进入实验室或者通过指纹识别进行打卡等。银行或者其他对安全要求比较高的地点,对摄像头录制视频进行行为识别可以保障公共和个人财产安全。

5. 交通

在交通领域,计算机视觉被应用于车辆门禁、交通监控和自动驾驶等。车牌识别目前已经被应用在很多单位的自动门禁控制上。目前最先进的科研领域之一自动驾驶汽车也采用了计算机视觉系统辅助决策。

6. 体育

计算机视觉在体育领域的一个应用是通过拍摄运动员运动姿势的视频并对视频进行分析,来判断运动员的姿势是否正确,如果不正确则可以提出相应的纠正建议。

7. 娱乐

计算机视觉被广泛地应用在娱乐行业,其中包括基于视觉的人机交互、虚拟人物合成等。微软发行的X-box游戏机中有一款带有Kinect的游戏机,可以实现通过手势或者人体姿态与计算机进行交互。例如,有一款切水果的游戏,就是通过获取人体姿态与游戏进行交互。在电影行业,虚拟人物合成等算法被广泛应用。目前非常流行的一个应用是合成不存在的人脸或者通过自动处理将视频中某个演员的脸替换成另一个演员的脸。

8. 商业

计算机视觉还广泛应用在各种商业化产品中,例如,在服装行业,通过要求用户拍几幅图片并对图像中的信息自动提取可以实现服装在线定制;在网站上出售的衣服也可以通过虚拟试衣在线体验试穿效果。在化妆品行业,有虚拟试妆应用,可以将客户从频繁的上妆卸妆中解放出来。另外,在智能家居行业,对监控摄像头进行处理可以对家中的老人或者小孩的危险行为或者摔倒动作进行自动识别。

9. 公众服务

在公众服务领域的应用包括对公开的图像数据库进行检索等。

1.5　计算机视觉的特点

计算机视觉是一门多学科融合的学科分支,与数字图像处理、机器学习、人工智能、模式识别等领域都有重叠或者交叉。计算机视觉与数字图像处理领域关系密切,很多计算机视觉问题都需要通过图像预处理对原图像进行去噪、加强等处理。这两个研究领域又有重叠,例如在图像分割方向有基于底层像素级的处理方法,也有基于深度学习的端到端学习方法。

计算机视觉虽然应用非常广泛,但也是一个难度极高的研究领域。计算机视觉问题到目前为止还没有被完全解决,很多问题还是开放问题。究其原因,主要有以下几个方面。

(1)很多计算机视觉问题采用数字图像作为输入,最普遍的是RGB图像。首先,RGB图像受到光照、遮挡等的影响。另外,RGB图像丢失了三维世界原有的深度信息。也有一部分计算机视觉问题采用RGB-D图像作为输入,但是到目前为止没有很高效地将RGB信息同深度信息相融合的方法。

(2)很多计算机视觉问题本身很主观,不能被很好地量化定义,例如表情识别中对一个人微笑、愤怒、开心、难过的定义或者是对一副图像是否美观的定义,这些都很难被量化定义,而且还包含主观判断的因素,这些计算机视觉问题都难以解决。

1.6　实例:基于词袋的图像分类方法

传统的对局部特征(例如SIFT、HOG等)进行特征编码的方法(例如Fisher向量、词袋等)与目前流行的深度学习模型是当前计算机视觉领域尤其是图像分类和识别领域最成功的两种模型。我们可以认为,深度学习模型是由特征学习和分类器两部分构成。例如,在深度卷积神经网络中,全链接层前面的卷积池化层是用来进行特征提取的,而全链接层是用来进行分类的。目前采用的很多方法也将这两类方法结合使用,即通过深度学习模型学习特征,然后将特征作为分类器(例如支持向量机)的输入。所以,进行特征编码的方法还是非常重要的。

词袋模型是自然语言处理与信息检索中的一种简化表示方法,这种方法不考虑语法和单词顺序,将文本(例如一句话或者一个文档)表示成一袋单词。如果将图像特征作为单词,词袋模型可以应用在计算机视觉领域。词袋模型在计算机视觉领域最直接的应用是图像分类。这里我们将介绍基于词袋的方法进行图像分类的框架(如图1-2所示)。

在基于词袋的表示方法中,所有训练图像(图1-2(a)显示了一幅图像)都被采样成图像块(见图1-2(b));然后,采样得到的图像块使用SIFT或者HOG等特征进行特征提取(见图1-2(c)),在特征提取过程找到图像中比较有代表性的点,例如角点;之后,这些有代表性的点被SIFT等方法进行特征描述(见图1-2(d)),经过特征描述之后,所有代表性的点都被一个向量表示,通常这些向量的长度是固定的;将所有的特征向量进行聚类可以计算得到聚类中心,也被称为词典(如图1-2(e)中,不同行的向量代表不同的聚类中心);然后,一幅图像中的所有的特征向量基于词典的直方图被用来代表该幅图像(见图1-2(f))。

基于词袋的表示方法最后将一幅图像表示成一个直方图对应的向量,将所有训练图像的直方图都输送给分类器训练,就可以得到训练好的图像分类器。最常用的分类器是支持向量机。

对新的图像进行测试时,也将图像基于计算好的词典进行直方图表示,然后输送到分类器。用训练好的分类器进行判断和识别。

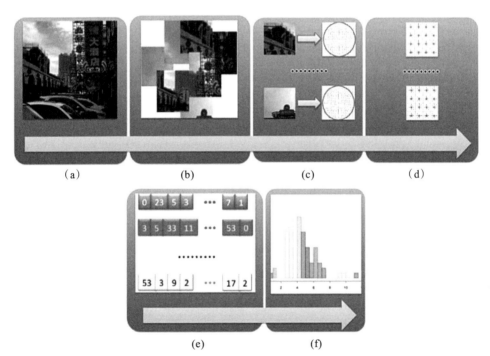

图1-2　基于词袋模型的表示方法的主要流程

习 题

1. 什么是计算机视觉? 计算机视觉有哪些应用?

2. 计算机视觉的主要研究内容有哪些?

3. 举出一个计算机视觉的应用实例,并尝试分析这个应用采用了哪些步骤。

4. 在网络上搜索自己感兴趣的计算机视觉方法,了解相关原理,并对该方法的优缺点进行分析总结。

第2章 基础知识

计算机视觉算法处理的是图像或者视频,本章将对图像和视频中涉及的基础知识进行介绍,例如,摄像机成像原理中的投影几何模型、彩色图像使用的颜色模型等。另外,因为需要对输入的图像和视频进行预处理,图像处理的基本操作经常作为计算机视觉算法的第一个组成部分,例如图像去噪、边缘锐化等预处理方法,以及图像特征表示等。本章将介绍这些基本处理方法中用到的专业术语。此外,本章还将介绍计算机视觉方法的基本流程,主要介绍目前最常使用到的解决方案:深度学习方法。

2.1 数字图像表示

数字图像是计算机视觉算法最基本的输入信息,本章将介绍图像在计算机中的表示方法,包括灰度图像、彩色图像、深度图像和红外图像。本章还将介绍彩色图像表示的一个重要概念:颜色模型。不同的颜色模型适合于不同的应用,例如CMYK颜色模型主要应用在印刷行业,计算机视觉和图像处理中的图像最常使用的是RGB颜色模型。

现实生活中的图像存在形式有很多,可以是艺术绘画作品,也可以是电视屏幕上显示的画面等。计算机中的图像通常由一块长方形区域的数据表示。模糊图像由连续数值表示,数字图像由离散数值表示。数字图像的最小单位是像素,对应图像空间上的某个位置。像素值是该像素点所在位置的值,该值代表图像特性,例如强度。除了表示数据的值被离散化之外,数字图像的表示数据的空间位置也被离散化。将一幅二维模糊图像转化成一幅二维数字图像的过程,是将一个平面上的连续函数转换成坐标离散、数值离散的数据的过程。如果将整幅数字图像表示成一个二维矩阵,那么一个像素就对应着矩阵中某个值的索引 (i, j),其像素值对应着矩阵中元素的值 a_{ij}。

2.1.1 灰度图像

灰度图像只记录图像中的每个像素点的强度信息,即只记录从黑色到白色这个区间上的深浅程度,也称为灰度值;但不记录跟颜色有关的信息。强度信息一般用 $0\sim2^k$ 的某个数值表示,k 最常用的值是7或8,例如,设 $k=8$,则像素强度用0到255

之间的值表示。图 2-1 给出了一幅灰度图像的示例,该幅图显示的是数字 3,这幅图像可以表示成一个 28×28 的矩阵,矩阵中元素的值都在 [0, 255] 之间,255 表示纯黑,0 表示纯白;图中数字 3 占有的像素位置灰度值比较大,代表这些像素颜色比较偏向于黑色。图像在计算机中一般表示为张量 [height, width, channels],即一个高度(height)乘以宽度(width)再乘以通道数(channels)的像素强度值组成的张量,在 RGB 颜色模型中通道数 channels 为 3。

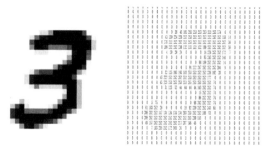

图 2-1　灰度图像示例

2.1.2　彩色图像

彩色图像不仅记录每个像素点的强度信息,而且也记录该像素点的颜色信息。不同的颜色模型表示颜色的方式不同。例如,在 RGB 颜色模型中,颜色由红(Red)、绿(Green)、蓝(Blue)三种颜色的强度值表示,一般我们将一种颜色称为一种通道;跟灰度图像相似,每个通道的强度值都用 $0 \sim 2^k$ 的某个数值表示,最常用的 k 值是 8。其表示实例如图 2-2 所示。

图 2-2　彩色图像的 RGB 三通道表示实例

彩色图像和灰度图像之间可以相互转换。如果用 Gray 表示灰度图像的强度值,R、G、B 分别表示红绿蓝三个颜色通道的强度,那么灰度图像可以通过如下公式计算得到:

$$\text{Gray} = 0.3R + 0.59G + 0.11B \tag{2-1}$$

在图像处理中,还有一种比较常用的颜色模型是 HSV 模型。同 RGB 模型一样,HSV 模型的名字中的三个字母分别代表的三个通道对应的属性:色调(Hue)、饱和度(Saturation)、明度(Value)。其表示实例如图 2-3 所示。

图 2-3　彩色图像的 HSV 三通道表示实例

同一幅图像的 RGB 颜色通道表示形式和 HSV 颜色通道表示形式可以相互转换。例如,RGB 颜色通道转化成 HSV 颜色通道的计算方法为:

$$
\begin{cases}
H = \begin{cases}
60 \times \dfrac{G - B}{\max - \min}, & \text{如 } R = \max; \\[2mm]
120 + 60 \times \dfrac{B - R}{\max - \min}, & \text{如 } G = \max; \\[2mm]
240 + 60 \times \dfrac{R - G}{\max - \min}, & \text{如 } B = \max; \\[2mm]
H = H + 360, & \text{如 } H < 0;
\end{cases} \\[10mm]
S = \dfrac{\max - \min}{\max}; \\[4mm]
V = \max.
\end{cases}
\tag{2-2}
$$

其中,max 和 min 分别为三通道强度值的最大值和最小值:$\max = \max(R, G, B)$,$\min = \min(R, G, B)$。

2.1.3　深度图像

深度图像是数字图像的一个通道,这个通道记录的信息是照相机到物体表面的距离。一般获取深度图像的照相机同时有彩色图像摄像头,所以深度图像通常跟彩色图像绑定在一起,被称为 RGB-D 图像,其中,RGB 是上一节中介绍的彩色三通道信息;D 是 Depth 的缩写,表示深度信息。图 2-4 给出了一幅 RGB-D 图像的实例,(a)图中显示的是 RGB 图像,(b)图中显示的是深度图像,即 Depth 图像。

(a)RGB图像   (b)深度图像

图2-4　RGB-D图像实例

2.2　照相机成像模型

照相机成像模型在计算机图形学中非常重要。在构建好三维模型后,二维图像是通过模拟的照相机投影到显示屏上实现成像的,照相机的成像过程代表了从三维模型产生二维图像的过程。在图像处理中,有时候需要从二维图像重构三维物体,例如估计物体的三维姿态,这个过程可以认为是摄像机成像的逆过程。

在计算机视觉中,并不经常用到照相机成像模型,但是理解这个模型对解决某些计算机视觉问题是有用的,例如在二维码识别过程中,需要在二维码的三个边角位置放置小正方形进行标定(见图2-5),这是依据成像过程构建的模型有8个参数需要确定设置的。

图2-5　二维码示例

最早的摄像机是基于针孔成像原理的,通过一个针孔将光聚焦到墙壁上或者是屏幕上。后来,针孔被越来越复杂的镜头所取代。相比针孔成像,摄像头能收集更多的光线而且能保持生成的图像锐化。如果不考虑反射等因素,只考虑镜头的折射效果,透镜的成像模型可以由图2-6的示意图进行表示。离镜头距离为Z的物体P通过

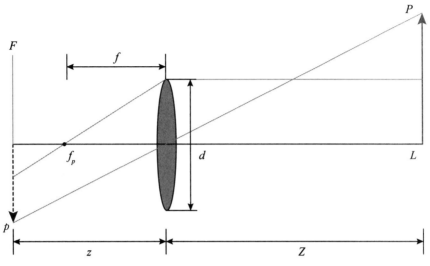

图 2-6 通过摄像头成像的过程示意图

透镜成像到焦平面 F,物体 P 的成像为 p,镜头光圈孔径大小为 d,镜头焦距大小为 f,那么物体及其影像与透镜间的距离和透镜焦距之间的关系满足:

$$\frac{1}{z} + \frac{1}{Z} = \frac{1}{f}. \tag{2-3}$$

2.3 传统计算机视觉方法基础知识

我们在第 1 章中学习了基于词袋的图像分类方法,在传统的计算机视觉方法解决方案中,很多都遵循了类似词袋的图像分类方法的流程。在本书中,我们称之为传统的计算机视觉方法,主要是跟目前最流行的深度学习方法进行区分。传统的计算机视觉方法主要包含以下几个主要模块。

(1)图像预处理:如目标对齐、几何归一化等处理,以便提高不同数据之间的一致性。

(2)特征提取:提取反应图像低层(如边缘边界信息)、中层(如物体的组成部件)或高层(如物体或场景信息)的特性。

(3)特征表示:对提取的特征进行描述、汇聚和变换(例如词袋模型)。

(4)利用数据训练机器学习模型:主要是分类器(例如支持向量机 SVM)或者是回归器进行从特征到数据标签的映射模型学习。

特征提取和表示,提取图像或者图像分块中的有用信息,并丢掉无关信息,达到简化图像的目的。一般经过特征提取和表示之后,图像的信息维度会降低很多。本小节将介绍两种在传统计算机视觉方法最常用到的两种特征提取和表示方法:尺度不变特征变换(Scale-Invariant Feature Transform, SIFT)和方向梯度直方图(Histogram of Oriented Gradients, HOG)。机器学习模型需要在《机器学习》这门前驱课程中进行学习,本课程中将不再专门进行学习。

2.3.1 尺度不变特征变换

有的特征提取方法,例如提取拐角信息的 Harris 特征具有旋转不变性;但是大部分的特征提取方法都不具有尺度不变性。1999 年,David Lowe 提出了一种具有尺度不变性的特征:尺度不变特征变换(SIFT)[1]。SIFT 是传统计算机视觉方法中最常用到的特征,为传统的算法提供了很多支持。接下来,我们学习尺度不变特征变换的特征提取和描述过程。

2.3.1.1 多尺度空间极值检测

为了解决尺度变换对特征产生的影响,SIFT 采用尺度空间滤波的方法:计算图像的高斯拉普拉斯算子(Laplacian of Gaussian, LOG)。LOG 的主要作用是在不同的尺度上进行区域监测。因为 LOG 计算量比较大,通常都是用高斯差分(Difference of Gaussian, DOG)计算。如图 2-7(b)给出了在两个不同的尺度上计算高斯差分的方法,每个尺度上的图像都经过不同程度的高斯模糊,假设高斯模糊程度从下到上依次变强(从低层到顶层,高斯核的参数依次为 $[\sigma, k\sigma, k^2\sigma, k^3\sigma, k^4\sigma]$,见图 2-7(a)),相邻两层进行相减即得到高斯差分结果。

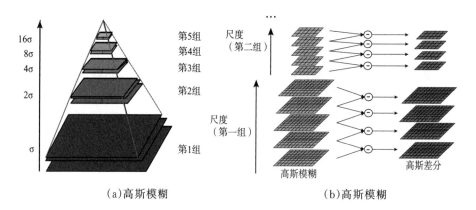

(a)高斯模糊　　　　　　　　(b)高斯模糊

① https://opencv-python-tutroals.readthedocs.io/en/latest/py_tutorials/py_feature2d/py_sift_intro/py_sift_intro.html

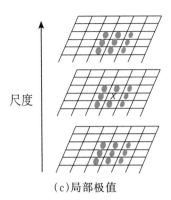

(c)局部极值

图 2-7 高斯差分和局部极值计算示意图

一旦计算得到高斯差分,将对所有尺度的所有图像空间进行搜索,寻找局部极大值。图 2-7(c)给出了一个计算局部极值的例子,如果一个像素点值比它同尺度的 8 邻域点的像素值大,且比它的上一尺度对应的 9 个像素点值及其下一尺度对应的 9 个像素点值都大,则认为该像素点是潜在的关键点。不同尺度的比较是为了找到该关键点最有代表性的尺度。这些潜在关键点将被进一步处理,从而去掉低对比度的关键点和边界关键点。

2.3.1.2 关键点方向分配

为了达到旋转不变性,每个关键点都被赋予一个方向。根据尺度大小,关键点周围一定范围的邻域被用来计算并表示方向。该邻域内的所有采样点都计算好方向和梯度之后,整个领域内的所有方向被表示成一个有 36 个区间(bin)的直方图,36 个方向区间覆盖了全部的方向即 360°。图 2-8 给出了方向分配的计算过程示例:从某个关键点的邻域(见图 2-8(a)最大的正方形包含的区域)计算所有采样点(每个小正方形代表的位置)的梯度和方向,然后每个方向都乘以其对应的梯度,并且整个邻域利用一个中心在该关键点的高斯(用圆圈表示)进行加权,最后每个点的方向将其统计到对应方向区域的直方图中(见图 2-8(b)),取直方图的最大值 max 对应的方向区间和所有超过 0.8 × max 的方向区间来计算该关键点的最终方向。

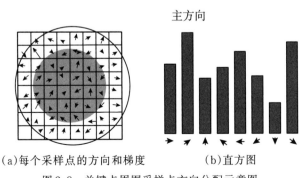

(a)每个采样点的方向和梯度　　(b)直方图

图 2-8 关键点周围采样点方向分配示意图

2.3.1.3 关键点描述符

取关键点周围 30 × 30 大小的邻域,将这块区域划分成 25 个 5 × 5 的子块,每个子块计算一个 8 个方向区间的直方图,总共产生 200 个区间。这个 200 个区间的直方图就是该关键点的描述符。使用特征描述符表示图像子块的原因之一是这样表示很简洁。30 × 30 大小的彩色图像块包含像素个数为 900,用上述方法进行描述得到的表示维数是 200 维,大大降低了描述的维度。图 2-9 给出了一个计算关键点描述符的过程示例。

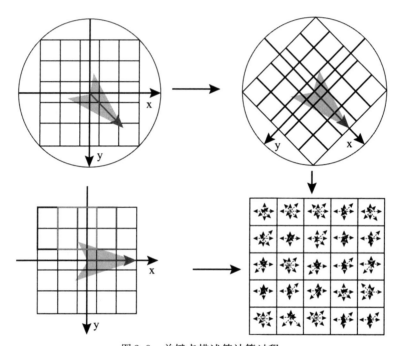

图 2-9 关键点描述符计算过程

2.3.1.4 关键点匹配

SIFT 特征点的一个最直接的应用是进行图像配准(Image Registration),就是将不同条件下获取的两幅或者多幅图像进行匹配,以便进行叠加或者拼接。图 2-10 给出了一个利用 SIFT 特征点进行图像配准的例子。

图 2-10　SIFT 关键点匹配结果示例

2.3.2　方向梯度直方图

SIFT 非常适合提取关键点,它可以抓住图像中最有代表性的信息,但是 SIFT 过滤了部分边界信息,所以在一些边界信息起关键作用的问题上,例如人体识别,SIFT 的效果并不是最好的,效果最好的是方向梯度直方图特征(HOG)[①]。

2.3.2.1　梯度图像

首先,我们利用图 2-11 中的模板计算图像中的水平和垂直梯度。图 2-12 给出了通过模板滤波计算得到的水平和垂直梯度以及梯度级数示意图。x 梯度对垂直线有响应,y 梯度对水平线有响应。梯度级数则对两个方向上的直线都有响应。当区域非常平滑时,则都不会有响应。梯度图去掉了很多不重要的信息,例如颜色不变的背景,但是突出了边界。例如,从图 2-12 的梯度图可以看出画面中有一个人。

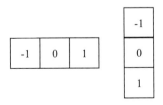

图 2-11　计算水平和垂直梯度的模板

---

① https://www.learnopencv.com/histogram-of-oriented-gradients/

（a）水平梯度（或 x 梯度）（b）垂直梯度（或 y 梯度）　　（c）梯度级数

图2-12　水平和垂直梯度计算结果

2.3.2.2　图像子块的方向梯度直方图

图像划分成8×8的单元,对每个单元计算梯度直方图。8×8的单元划分设置是按照人体的特征大小设置的经验值,因为从图像中截取的一个行人调整成64×128像素大小即可获取有用的特征。图2-13给出了计算得到的梯度示意图。其中（a）子图显示了从人的图像中取出一块图像子块,将其与计算得到的梯度叠加得到的图,梯度用带箭头的线段表示,箭头指向的方向表示像素强度变化方向,线段长度表示梯度值的大小。（b）子图显示了该图像子块的梯度值。梯度方向的范围是0到180°而不是－180°到180°,这个梯度称为无符号梯度,因为－180°到0度的梯度方向取绝对值后被将表示成其对应的正值。根据经验,在行人检测问题上无符号梯度比带符号的梯度的效果更好。

（a）从包含人的图中取出的RGB图像　　　　　（b）梯度的数值
小块和用箭头表示的梯度

图2-13　HOG特征示意图

图 2-14 给出了计算 HOG 的具体步骤。其上方的两幅图分别对应 21×21 图像子块的梯度方向和梯度大小值。将 180 度的方向分成 9 个区间，分别对应 $0, 20, 40, \cdots, 160$。根据梯度方向选择区间，表示梯度大小的值放进选好的方向区间。图中给出了两个例子，一个图像子块用绿色表示，另一个用红色表示。绿色圈出的图像子块梯度方向是 80，梯度值是 66，因此需要将其梯度值放到 80 对应的方向区间，即第 5 个区间中。红色圈出的图像子块梯度方向是 10，梯度值是 274，因此需要将其梯度值对半放到梯度方向为 0 和 20 度的方向区间。需要注意的是，如果梯度大于 160 度，那么需要将梯度值放到 0 和 160 度的方向区间。将整个图像子块的梯度处理完毕之后，可以得到一个直方图的所有值。

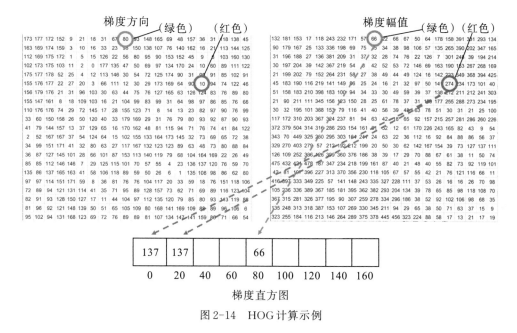

图 2-14　HOG 计算示例

2.3.2.3　HOG 特征描述符

计算每个图像子块的 HOG 特征之后，将每 4 个图像子块一起进行归一化处理，处理之后得到了 $36(4 \times 9)$ 维的直方图。以图 2-13 中的人为例，将该图划分成 8×16 个图像子块，每个子块提取 HOG 特征，并进行归一化。在归一化的过程中，每步都取相邻的 4 个图像子块，计算完一个组合之后，向右下方移动一个图像子块的步长，所以最后得到了 7×15 个归一化的直方图，整个 HOG 特征描述符的长度为 3780。图 2-15 给出了 HOG 特征描述符的显式表示，从 2-15(b) 中可以看到人的轮廓，说明 HOG 特征对于人体边界的表示是有效的。

（a）原始图像　　　　（b）提取的 HOG 特征

图 2-15　计算图像 HOG 特征示例

2.4　深度学习基础知识

与传统的计算机视觉解决方案不同,基于深度学习的计算机视觉算法流程中不包含特征提取、特征表示、分类器等独立模块,深度学习算法通过深度神经网络实现特征提取和分类器功能,从原始数据中自动学习特征,这种学习称为端到端学习。

基于深度学习的神经网络有很多种类型,每种类型都有不同的操作和网络结构,在后面的章节中,我们会按照具体问题的需要介绍不同构造的模型。解决计算机视觉问题的一种经典的网络模型是深度卷积神经网络。深度卷积神经网络中最基本的操作是卷积、池化,这两个操作也是很多深度学习模型的基本操作。接下来,我们将介绍这两个基本操作。

2.4.1　卷　积

对图像进行卷积的步骤主要分为以下几步:

（1）从需要处理的图像中选取与卷积模板(也称为 Filter)大小相同的区域;

（2）计算并记录卷积结果 $r_{ij} = \sum_{k,l} i_{kl} f_{kl}$,其中 i_{kl} 表示目前处理图像区域第 k 行第 l 列位置像素的强度值,f_{kl} 表示卷积模板第 k 行第 l 列位置的值;

（3）从图像中取下一个区域进行处理,直到整幅图像处理完毕。

图 2-16 给出了对 6×6 大小的图像利用卷积模板 1 进行卷积的处理过程。如果按照对图像从左到右从上到下的顺序进行处理,第一个需要处理的区域是正方形框住的区域。对该区域进行卷积处理得到:

$$r_{11} = \sum_{k=1,\cdots,3;\,l=1,\cdots,3} i_{kl} f_{kl} = 0 \times 1 + 0 \times 1 + 1 \times 1 + 1 \times 0 + 7 \times 0 +$$
$$0 \times 0 + 0 \times (-1) + 0 \times (-1) + 1 \times (-1)$$
$$= 0.$$

然后,该正方形向右平行移动一个像素的位置,可以计算得到下一个结果为 −1。该正方形不断向右向下移动,直到整幅图像处理完成。

在神经网络中,输入数据通过输入神经元表示,如图2-16(b)每个像素点的强度值都对应一个神经元的值,6×6大小的图像需要用36个输入神经元进行表示。在卷积过程中计算第一个值时,图2-16(a)中正方形的区域对应的神经元被取出来,这些神经元处理后的结果会决定神经网络第二层中第一个神经元的值。因为卷积结果中某个位置的值只由某个区域的输入值决定,所以前一层中只有部分神经元(即处理区域覆盖部分对应的输入神经元)与下一层的神经元相连,这种部分连接的情况减少了整个神经网络的连接数量。从神经网络的角度看模板卷积过程的话,图2-16(b)中目前处理区域覆盖的神经元都与下一层对应的隐层神经元有连接关系,每个输入神经元的值与卷积模板中对应的值相乘,然后对整个区域的结果求和得到计算结果。图2-16(b)中将输入神经元与卷积模板的对应关系用直线的颜色进行了表示,某个输入神经元只需要跟同它连线颜色相同的圆圈圈出的卷积模板值相乘即可。

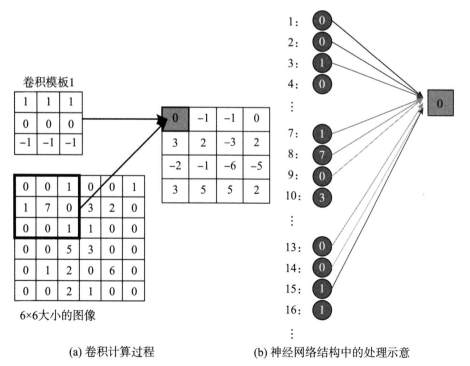

(a) 卷积计算过程　　　　(b) 神经网络结构中的处理示意

图2-16　对6×6大小的图像进行处理得到的结果

接下来,我们看一下彩色图像的卷积处理过程。彩色图像由RGB三色颜色通道表示,所以卷积模板也需要针对三个通道分别给出。图2-17给出了一个对7×7大小的RGB图像x采用1个3×3大小的模板进行处理的处理过程和计算结果。图2-17(a)给出了原图像的RGB三通道信息。图2-17(b)给出了卷积模板的值w,也是三通道的,分别负责对三个颜色通道分别卷积,偏置b为1。图2-17(d)给出了经过模板处理后的结果o。

图2-17给出了计算o的过程。我们取出图像最左上角区域与第一个模板进行卷积得到三个通道分别为:

$$i_r = \sum_{k=1,\cdots,3;,l=1,\cdots,3} x[:,:,0]_{kl} w[:,:,0]_{kl}$$
$$= 0 \times 1 + 0 \times 1 + 1 \times 1 + 1 \times 0 + 7 \times 0 + 0 \times 0 + 0 \times (-1) +$$
$$0 \times (-1) + 1 \times (-1)$$
$$= 0,$$
$$i_g = 0,$$
$$i_b = -3.$$

神经网络中神经元处理模型为$o = \sum_i w_i x_i + b$,其中$w_i x_i$经过上面计算已经得到$\sum_i w_i x_i$,即把上面三个值相加得到-3,所以$o = -3 + 1 = -2$。

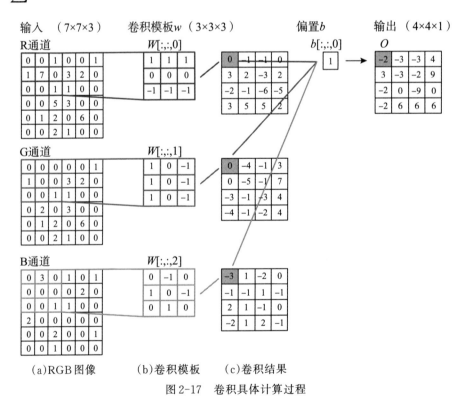

(a)RGB图像   (b)卷积模板   (c)卷积结果

图2-17 卷积具体计算过程

2.4.2　池　化

池化的目的是降低特征空间的维度,只抽取局部最显著的特征,这些特征出现的具体位置也被忽略。主要的池化操作有最大池化、平均池化等。图2-18给出了一个池化处理的例子。图中给出了一个维度为20×20的图像经过池化后维度变为4×4的特征描述符的例子。图2-18(a)和图2-18(b)分别给出了前两步池化特征处理后的结果。需要注意的是,与卷积操作不同,每步池化操作之间取的图像区域之间没有交集。假设例子中采用的是最大池化,那么图2-18(a)中的深灰色区域取最大值得到的值将放到4×4结果矩阵中的[0,0]的位置。同样的,图2-18(b)也是类似的处理过程。池化操作降低了数据表示维度,对噪声具有健壮性。

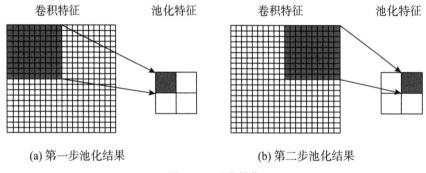

（a）第一步池化结果　　　　　　　　（b）第二步池化结果

图2-18　池化操作

习　题

1. SIFT 特征描述符为什么对尺度变换不变?
2. 对比一下 SIFT 和 HOG 特征描述符。
3. 对任意一幅包含人的图像提取其 HOG 特征并显示结果。
4. 7×7的图像经过大小为3×3的模板卷积,填充大小 Pad 为1,步长为1,输出特征图的尺寸是多少? 特征映射矩阵尺寸计算公式:[(原图片尺寸-卷积尺寸+2Pad)/步长]+1。
5. 在卷积操作中,由于卷积模板的边长大于步长,会造成每次移动滑窗后有交集部分,交集部分意味着多次提取特征,尤其表现在图像的中间区域提取次数较多,边缘部分提取次数较少,如何处理这种情况?
6. 深度学习方法同传统的计算机视觉方法相比有什么特点?

第3章

图像分类

3.1 概　述

图像分类问题是计算机视觉领域的一个非常重要的问题,是很多其他问题的基础。例如图像分割可以作为像素级的图像分类问题进行处理。图像分类问题,指的是通过学习标注图像与其标签的对应关系,对未标注图像进行自动标注的问题。图像分类问题中的标签(即图像的类别)一般都是预先定义好的,在对新图像进行标注时需要从预先定义好的标签集合中进行选择。图像分类问题可以针对通用的类别,例如计算机视觉领域非常著名的Pascal 2012挑战赛中的图像分类挑战包含了20个类别(人、鸟、猫、牛、狗、马、羊、飞机、自行车、船、公交车、轿车、摩托车、火车、瓶子、椅子、餐桌、植物、沙发、电视/显示器);海量数据库ImageNet 2010挑战赛中的图像分类挑战包含了27个大类(动物、家用电器、鸟、鱼、花、食物、水果、乐器、树、蔬菜、人等)。有的图像分类问题是针对某个领域的图像,例如场景分类问题针对图像所在的场景进行分类;人体行为分类问题针对图像中包含的人的动作进行分类。

图像的标签一般是某一种类别,例如在图像场景分类问题中,每幅图像用一类场景进行标注,根据图像中的内容,可以是街景、办公室场景、卧室场景、教室场景等。

下面给出了一个图像分类问题的示例。假设我们的标签集合是{猫、狗},即图片中包含猫或者狗,通过标注好的数据对分类器进行训练,然后给定图3-1中的图片,分类器需要估计出其标签,即"猫"或者"狗"。图像分类的目标是对未标注图像进行自动标注,即根据图像特征从类别集中分配一个类别标签。

图3-1　训练好的图像分类器能够将该图像自动标注为"狗"

3.1.1　图像分类的种类

按照图像类别的粒度,图像分类可以分为类别级图像分类、子类别级图像分类、实例级图像分类。

3.1.1.1　类别级图像分类

类别级图像分类的标签一般都是抽象级别比较高的类别,例如前面给出的Pascal 2012中的20个类别和ImageNet 2010中的27个大的类别。这些类的特点是一般不会跟其他类同属于一个类别,即使是同属于一个更大的类别,其类间差别也比较大。比较常见的类别级图像分类包括猫狗分类等。这样的图像分类,类别之间区别比较大,具有较大的差别,而类内则具有较小的差别。

图3-2给出了ImageNet 2010数据库的示意图。ImageNet 2010数据库中包含的类别分别是动物、家用电器、鸟、鱼、花、食物、水果、乐器、树、蔬菜、人等。大部分类别之间不属于同一类别,例如蔬菜和人、食物和乐器等;即使有些类别同属于一个更抽象的类别,例如鸟和鱼都属于动物,它们之间的差别也很大,很容易区分。

图3-2　类别级图像分类示例:ImageNet数据库中的15个类别的图像示例[1]

---

① Khawaja Tehseen Ahmed, AunIrtaza, Muhammad Amjad Iqbal. Fusion of Local and Global Features for Effective Image Extraction[J]. Applied Intelligence, 2017, 47:526-543.

3.1.1.2　子类别级图像分类

子类别级图像分类中的类别标签一般都从属于同一个大的类别。与类别级图像分类相比,子类别级图像分类类间差别更小,因此准确估计类别标签更难。子类级图像分类的应用一般更有领域针对性,例如鸟类数据库-2011收集了很多种类的鸟,这个数据库可以为生物学家提供研究数据;中文路标数据库①可以应用在智能交通领域训练无人驾驶系统;手写字体识别应用在银行手写支票自动识别中。图3-3给出了中文路标数据库的示例。这些路标都有一些共性,例如路标具有圆形、三角形等形状;并且路标的边缘用红色、白色或者红色的边框包围。因此所有类的图像间有一些共性,但是对于自动驾驶车辆来说,每个路标都代表不同的驾驶规则,需要对不同类的标识进行区别,即分类识别。

图3-3　中文路标数据库示例

3.1.1.3　实例级图像分类

与类别级图像分类和子类别级图像分类不同,实例级图像分类是对图像捕捉到的物理世界中的个体进行分类,实例级图像分类可以应用在身份识别等领域。例如实例级人脸识别需要对人脸的对应的名字进行识别,可以使用在门禁系统中进行人脸打卡。无限制人脸标识数据库(Labeled Faces in the Wild,LFW)就是一个实例级

---

① http://www.nlpr.ia.ac.cn/pal/trafficdata/recognition.html

图像数据库。图 3-4 给出了 LFW 数据库的实例。图中给出了按照字母表顺序排序最先出现的 20 个人脸,一幅图像代表一个人,图像下面标注了人名,括号中的数值代表这个人一共有几幅图像。

AJ Cook(1)　　AJ Lamas(1)　　Aaron Eckhart(1)　　Aaron Guiel(1)　　Aaron Patterson(1)

Aaron Peirsol(4)　　Aaron Pena(1)　　Aaron Sorkin(1)　　Aaron Tippin(1)　　Abba Eban(1)

Abbas Kiarosta-mi(1)　　Abdel Aziz Al-Hakim(1)　　Abdel Madi Shabneh(1)　　Abdel Nasser Assidi(2)　　Abdoulaye Wade(4)

Abdul Majeed　　Abdul Rahman　　Abdulaziz　　Abdullah(4)　　Abdullah Ahmad

图 3-4　LFW 数据库部分人脸图像及其对应身份标注

3.1.2　图像分类的发展

图像识别领域大量的研究成果都是建立在 PASCAL VOC、ImageNet 等公开的数据集上,很多图像识别算法通常在这些数据集上进行测试和比较。PASCAL VOC 是 2006 年发起的一个视觉挑战赛,到 2012 年结束。这项挑战赛中主要包含三个赛道:图像分类比赛、物体检测比赛、图像分割比赛,后来增加了人类行为识别比赛和人体部分检测比赛。词袋模型是该竞赛中分类算法的基本框架,竞赛提供的程序框架遵循词袋模型的主要流程实现。基于词袋模型的图像识别方法一般包括底层特征提取、特征编码、分类器设计、模型融合等几个阶段。

ImageNet是2010年发起的大规模视觉识别竞赛的数据集。这个数据集由李飞飞等人收集整理。ImageNet数据集总共有1400多万幅图片,涵盖2万多个类别,在论文方法的比较中常用的是1000类的基准。在ImageNet发布的早年里,仍然是以词袋模型为框架的分类方法占据优势,直到2012年AlexNet[①]的出现。

在AlexNet出现之前,深度学习领域还有一个里程碑式的网络LeNet[②],这是一个经典的卷积神经网络,它包含现在卷积神经网络的重要特性。LeNet5网络是设计来进行手写字体识别的,主要是在MNIST数据库上进行字体识别。

2013年ILSVRC分类任务冠军网络是Clarifai,不过更为我们熟知的是ZFNet[③]。Hinton的学生Zeiler和Fergus在研究中利用反卷积技术引入了神经网络的可视化,对网络的中间特征层进行了可视化,为研究人员检验不同特征激活及其与输入空间的关系成为可能。

2014年的冠亚军网络分别是GoogLeNet[④]和VGGNet[⑤]。其中VGGNet包括16层和19层两个版本,共包含参数约为550M。全部使用3×3的卷积核和2×2的最大池化核,简化了卷积神经网络的结构。

2015年,ResNet[⑥]获得了分类任务冠军。它以3.57%的错误率表现超过了人类的识别水平,并以152层的网络架构创造了新的模型记录。

3.2　基于词袋表示的图像分类

词袋模型(Bag of Words)是自然语言处理与信息检索中的一种简化表示,这种方法不考虑语法和单词顺序,只计算单词(可以认为是句子中比较重要的词)的出现频率,将文本(例如一句话或者一个文档)表示成以单词为容器(bin)值的直方图,就像用

---

① Alex Krizhevsky, Ilya Sutskever, Geoffrey E. Hinton. ImageNet Classification with Deep Convolutional Neural Networks [C]. Advances in Neural Information Processing Systems, 2012:1097-1105.

② LeCun Yann, Bottou Léon, BengioYoshua, Haffner Patrick. Gradient-based Learning Applied to Document Recognition [J]. Proceedings of the IEEE, 1998, 86(11): 2278-2323.

③ Zeiler Matthew, Fergus Rob. Visualizing and Understanding Convolutional Networks[C]. European Conference on Computer Vision, 2014:818-833.

④ Christian Szegedy, Wei Liu, Yangqing Jia, Pierre Sermanet, Scott Reed, Dragomir Anguelov, Dumitru Erhan, Vincent Vanhoucke, Andrew Rabinovich. Going Deeper with Convolutions[C]. IEEE Conference on Computer Vision and Pattern Recognition, 2014:1-9.

⑤ Karen Simonyan, Andrew Zisserman. Very Deep Convolutional Networks for Large-Scale Image Recognition[C].IAPR Asian Conference on Pattern Recognition, 2015:730-734.

⑥ Kaiming He, Xiangyu Zhang, Shaoqing Ren, Jian Sun. Deep Residual Learning for Image Recognition[C]. IEEE Conference on Computer Vision and Pattern Recognition, 2016:770-778.

袋子将单词装起来一样失去顺序,因此叫做词袋。首先,结合一个简单的例子,我们学习一下基于词袋的信息检索的主要步骤。

3.2.1 基于词袋的句子检索

假设数据库中存储了 3 个句子。

> 1.“鸟以为把鱼举在空中是一种慈善的举动。”
> 2.“人们可以争取自由,但却永远不能恢复自由。”
> 3.“生命漫长也短暂。”

可以使用基于词袋的表示方法,在数据库中搜索与“海很宽阔任凭鱼儿游来游去,天空很高任凭鸟儿飞来飞去。”这句话最相近的话。

首先,计算词典。词典表示的是一个数据库中有代表性的单词,一般通过 k-means 聚类方法计算得到。我们的例子中句子比较少,所以这里我们只去掉没有意义的助词和连词,然后把所有的单词的集合作为词典。数据库中所有的句子得到的词典为:

> 1. 2. 3. 4. 5. 6. 7. 8. 9. 10. 11. 12. 13. 14. 15. 16. 17.
> 鸟 以 鱼 举 在 是 慈 举 人 可 争 自 不 恢 生 漫 短
>   为   空   善 动 们 以 取 由 能 复 命 长 暂
>   中

然后,每个句子都可以表示成词典的直方图,即计算句子中每个单词与词典中单词的距离,然后将距其最短的词典中单词对应的计数加 1;整个句子处理完之后,整个词典的计数即是对这个句子的表示。数据库中的句子 1 包含:

> “鸟”“以为”“鱼”“举”“在空中”“是”“慈善”“举动”

因此句子 1 的直方图为:11111111000000000,直方图如图 3-6 所示。同理,句子 2 的直方图为:00000000111211000;句子 3 的直方图为:00000000000000111。对数据库查询的句子的直方图为:10101000000000000。如果计算句子间的欧几里得距离,那么查询句子跟句子 1、2、3 之间的距离分别为 $\sqrt{5}$、$\sqrt{12}$、$\sqrt{6}$,因此跟库中第一个句子最相近,所以如果搜索数据库中相近的句子,会返回句子 1。

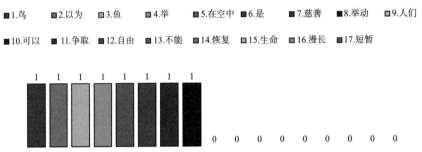

句子1："鸟以为把鱼举在空中是一种慈善的举动"

图3-6　数据库中句子1的直方图

3.2.2　基于词袋的图像分类

词袋模型可以用来表示图像并进行图像分类。在第1章概论中我们学习了基于词袋的图像分类模型的基本流程。这一小节我们将学习基于词袋表示的图像分类的具体步骤。基于词袋的图像分类与基于词袋的句子检索在流程上基本相同,一般都包含以下几种类别:

(1)对数据进行特征提取;

(2)多特征融合;

(3)通过数据库中的数据计算词典;

(4)将所有的数据表示成词典的直方图;

(5)基于机器学习模型的回归或者分类。

图像分类与句子检索的不同主要体现在第1步,即对数据进行特征提取时使用的方法。对于章节3.2.1中的句子检索的简单示例,我们只需要对句子进行简单的分词、去掉没有意义的单词等,严格来说我们并没有进行特征提取;对于图像分类,我们需要首先对图像进行预处理,即对图像进行特征提取,从图像提取的局部特征类似于句子表示中的单词。第2步只有在同时使用多种特征对图像进行处理时才需要用到。

章节2.3.1中介绍的SIFT特征是几乎所有经典的图像分类算法中都会用到的特征提取和表示方法,本章节中的例子,我们也将采用SIFT方法进行特征提取和表示。我们会按照Pascal Challenge中给出的程序框架[1]的基本流程进行介绍,感兴趣的同学可以下载Development Kit和数据库[2]进行进一步的算法和程序开发。

3.2.2.1　数据和任务

例子中使用的数据为Pascal Challenge VOC 2007挑战赛中的数据,为了方便介

---

① http://host.robots.ox.ac.uk/pascal/VOC/voc2012/#devkit

② https://pjreddie.com/projects/pascal-voc-dataset-mirror/

绍，我们将演示一个有15幅训练图像和15幅测试图像的小型实例。图3-7显示了训练和测试数据集。图像分类实例的任务是通过图3-7(a)中的训练数据学习如何自动判断图3-7(b)中测试数据是否包含飞机这个类别。每个训练数据图像，都包含一个类别标签的标注，如果图像中包含飞机，标签为1，否则标签为−1。在训练判别器的过程中，训练数据集中的图像和标签都可以使用。在测试过程中，我们通过测试数据图像特征推测其标签。

（a）训练数据集　　　　　　　　（b）测试数据集

图3-7　演示实例数据集合

3.2.2.2　利用SIFT提取和表示特征

我们使用VLFeat的denseSIFT实现[①]来进行特征提取和表示。首先，我们用denseSIFT对图像进行特征提取和表示，该特征在SIFT特征提取的基础上进行了加速处理。图3-8给出了Pascal Challenge VOC 2007中的一幅鸟类图像及其随机抽取的部分特征显示。

（a）一幅鸟类图像　　　　（b）denseSIFT提取特征示例

图3-8　denseSIFT提取特征示例

---

① https://www.vlfeat.org/index.html

3.2.2.3　多特征融合

一种特征通常只能表示有限的图像特性,例如SIFT提取的是边角特征,HOG提取的是边缘特征。如果在词袋表示方法中,想要同时描述图像的多种属性,可以进行多特征提取,利用多种特征对图像进行特征提取之后,需要将多种特征融合起来。一般来说,多特征融合有很多种方法。最常用的方法有两类:早期融合(early fusion)和后期融合(late fusion)。早期融合一般指特征级融合,例如我们可以把对图像提取的SIFT和HOG特征向量合并成一个向量;后期融合一般指判别器融合,即将多个特征对图像进行的估计按照不同的权重进行融合。我们这里的例子,只利用SIFT特征提取和表示,因此不涉及多特征融合问题,感兴趣的同学可以向基准算法中添加新的特征并进行多特征融合实验。

3.2.2.4　利用K-Means算法构造词典

K-means方法是机器学习模型中非常经典也是非常实用的一个方法。它通常被用来进行无监督的分类,即在不知道训练数据类别标签的情况下,对数据进行自动归类。K-means方法具有收敛性,即一定可以通过有限步达到全局最优,但是比较耗时。这里,我们利用K-means方法计算词典,并基于词典对图像进行重新表示。K-means方法中的K代表的是我们需要计算的聚类个数,需要提前定义好,根据经验我们将这个数值设为4096,这个也是我们的词典中的单词数量。图3-9显示了通过K-means方法计算得到的属于不同聚类中心的图像块。图中随机选择了2个类,每个类中显示了被划分到这个聚类的所有图像特征,图像特征用这个特征在原图像中的一块图像区域表示,该图像中心对应特征的位置。

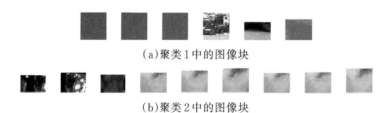

(a)聚类1中的图像块

(b)聚类2中的图像块

图3-9　聚类结果中不同的类中包含的图片块

从聚类结果中,我们可以看出,不同类别中的图像块里包含的内容不同,例如聚类1中主要包含跟蓝天有关的图像块;而聚类2中包含的是跟白云有关的图像块。因此K-means算法成功地将没有标签的图像特征进行归类。

3.2.2.5　图像量化

通过K-means计算得到字典之后,我们需要对所有的图像进行重新表示。每幅图像都被表示成词典的直方图分布,即一个长度为4096的向量。图像中的每个特征向量都与词典中的每个向量进行比较,并将其近似成与该特征最相似的词典项,然后计算所有特征中每个词典项出现的次数可以得到该词典的直方图,直方图中的每个值表示的是与其对应的字典中的单词在所有特征中出现的次数。

直方图的表示方法忽略了特征原有的位置信息,只考虑特征出现的次数。因为研究人员发现在阅读文章时,即使单词的顺序发生变化,人们依旧能够理解文章想要表达的本意,因此词袋表示方法虽然丢失了单词的位置信息,但仍然能够比较有效地表示句子。同样的,在图像分类领域,用直方图的表示方法虽然丢掉了图像特征的位置信息,但是对识别起到关键作用的局部特征仍然能够保留,而且它们出现的次数对识别也起到了关键作用。图 3-10 给出了 Pascal Challenge VOC 2007 中的一个例子图像(a)及其基于章节 3.2.2.4 中的词典计算得到的直方图表示(b)。

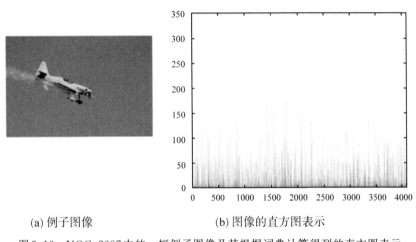

(a) 例子图像　　　　　　　(b) 图像的直方图表示

图3-10　VOC 2007中的一幅例子图像及其根据词典计算得到的直方图表示

3.2.2.6　基于SVM的图像分类

在对所有图像都依据词典计算得到其直方图表示之后,我们将采用支持向量机的判别器进行分类。支持向量机是一种线性分类模型,我们可以将其简单地表示成 $f = wx + b$。支持向量机的原理是通过保留两类数据之间的最大间隔,实现最优的分离超平面。而训练支持向量机的过程就是通过训练数据计算模型参数 w 和 b 的过程,因为通常特征都是高维向量,因此 w 和 b 也是高维向量,导致 f 是高维空间的一个超平面。图 3-11 给了我们这个实例中训练和测试时数据分布的示意图。为了方便显示,我们将数据表示在二维平面上,但是数据离分割超平面的距离是通过真实训练的模型计算得到的。

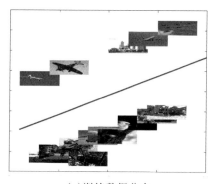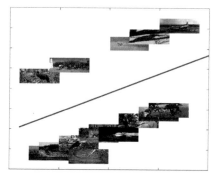

（a）训练数据分布　　　　　　　　　（b）测试数据分布

图 3-11　训练数据和测试数据的分布

图中的直线代表的是分割超平面，在超平面上面的图片代表通过分类器 f 计算得到正值的图像，超平面下面的图像代表负值。距离超平面越远说明 f 值的绝对值越大。通过图 3-11(a)中的训练数据及其标签(1代表是飞机，-1 代表不是飞机)，我们可以计算得到高维的 w 和 b，然后我们将测试数据的特征 x' 带入 $f=wx+b$，如果是正值则认为包含飞机，如果是负值则认为不是飞机。我们可以看到(b)图中的测试数据有的能够成功分类，例如直线上方的右上角第一幅和第三幅图像和直线下方的所有图像(大部分是自行车的图像)，有一部分图像也给出了错误的标签。

在我们的这个实例中，图像分类的正确率可以达到42%，即有42%的飞机图像标注正确。考虑到我们只使用了很少量的训练数据和一种特征，这个准确率还是比较高的。如果想要提高识别准确率，需要使用更多的训练数据和更多的特征提取方法。

3.3　基于 Fisher 向量的图像表示方法

基于词袋表示和支持向量机的分类方法，在计算机视觉领域取得了巨大的成功。在基本的词袋模型基础上，研究人员采用不同的特征检测方法和不同的特征表示形式。并对词袋模型也进行了改进，在词袋表示中加入了空间信息，每一种特征检测方法和特征表示方法的组合都被称为一个"通道"(channel)，通过计算很多通道的估计结果并对这个估计结果进行融合，词袋模型可以达到很高的准确率。Pascal VOC 挑战赛中很多排名很高的算法都是使用这类方法。但是这类方法也存在一些问题，首先，大量通道的特征计算需要耗费大量的时间或空间，其次，非线性支持向量机的学习时间是 $N^2 \sim N^3$ 量级的(其中 N 是训练图像的数量)，因此支持向量机在数据量大量增加的时候，它的训练时间耗费也会急剧增加，虽然线性支持向量机的学习时间是 N 量级的，有利于数据库扩展，但是线性支持向量机的识别准确率与非线性支持向量机相比并不高。

Fisher 向量不仅计算词典中单词出现的数量，而且还对特征的分布进行编码。Fisher 向量表示方法的计算流程能够将非线性表示融合到特征表示中，因此我们可以使用线性分类器对Fisher向量进行处理,从而缓解非线性分类器对数据库规模的限制。

Fisher向量表示方法主要包含两个步骤:

(1)利用高斯混合模型(GMM)近似数据分布;

(2)利用GMM计算Fisher向量。

接下来,我们将详细介绍相关概念和公式以及进行Fisher向量表示的具体操作。

3.3.1 高斯混合模型

机器学习领域有两类主流的解决方案:一种是通过对数据特征空间进行建模(一般是概率模型)并通过训练数据计算最优的模型参数,称为生成模型;另外一种是定义目标函数,通过优化算法计算模型的参数得到基于训练数据的最优模型。高斯混合模型是进行特征空间建模的概率模型之一。高斯混合模型由几个高斯模型组成,假设高斯混合模型中包含k个高斯模型,并且它们的序号用$k=\{1,\cdots,K\}$表示,每个高斯模型都有一个中值μ,一个协方差Σ和一个混合概率π,所有高斯π相加为1,即:

$$\sum_{k=1}^{K}\pi_k=1 \tag{3-1}$$

则该高斯混合模型可以表示成:

$$P(\mathrm{X}=x)=\sum_{k=1}^{K}\pi_k N(x|\mu_k,\Sigma_k) \tag{3-2}$$

图3-12给出了一个高斯混合模型的例子,图中黑色的点是随机产生的5000个二维数据点,利用30个高斯模型对这些数据进行近似,对这30个高斯模型根据其中值和协方差(可以理解成图中椭圆的扁平程度)进行可视化。

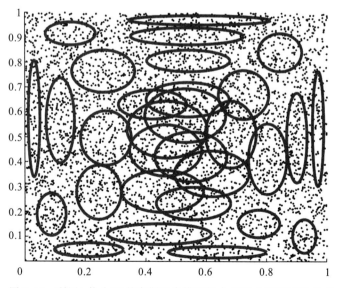

图3-12　利用k值为30的高斯混合模型拟合5000个随机产生的点

3.3.2　Fisher 向量

Fisher 向量同词袋表示形式一样,是表示图像的一种方法,需要按照一定的流程进行计算。Fisher 向量同词袋表示一样都需要首先提取局部特征,然后计算这些局部特征基于词典中的单词的分布。我们延续 3.3.1 节中的例子使用的训练数据,即 5000 个二维平面上的随机点,假设测试数据是随机产生 1000 个点,利用 3.3.1 节中对 5000 个训练数据进行拟合的 30 个高斯混合模型,计算需要表示的数据的中值和协方差偏差:

$$u_{jk} = \frac{1}{N\sqrt{\pi_k}} \sum_{i=1}^{N} q_{ik} \frac{x_{ji} - \mu_{jk}}{\sigma_{jk}}, \tag{3-3}$$

$$v_{jk} = \frac{1}{N\sqrt{2\pi_k}} \sum_{i=1}^{N} q_{ik} \left[\left(\frac{x_{ji} - \mu_{jk}}{\sigma_{jk}} \right)^2 - 1 \right], \tag{3-4}$$

N 代表一个训练数据中提取的特征总数,在图像分类问题中,它对应一幅图像中提取的特征总数;系数 q_{ik} 是当前的数据点 x_i 属于第 k 个高斯模型的概率:

$$q_{ik} = \frac{\exp\left[-\frac{1}{2} \left(\vec{x}_i - \mu_k \right)^T \Sigma_k^{-1} \left(\vec{x}_i - \mu_k \right) \right]}{\sum_{t=1}^{K} \exp\left[-\frac{1}{2} \left(\vec{x}_i - \mu_t \right)^T \Sigma_k^{-1} \left(\vec{x}_i - \mu_t \right) \right]}, \tag{3-5}$$

其中,π_k 是第 k 个高斯模型的先验,即一个数据点属于这个高斯模型的概率。整个高斯混合模型中所有高斯模型的先验之和为 1,即:

$$\sum_{k=1}^{K} \pi_k = 1 \tag{3-6}$$

在计算得到所有数据的中值和协方差偏差之后,我们可以将数据表示成 Fisher 向量的形式,Fisher 向量的表示是对特征的所有维数都求数据中值偏差和协方差偏差,然后将所有结果表示成一个向量,即:

$$\mathrm{FV}(\mathrm{I})^T = \left[\cdots, \vec{u}_k, \cdots, \vec{v}_k, \cdots \right]. \tag{3-7}$$

其中,$\vec{u}_k$ 是由 u_{jk} 的所有 $j = 1, 2, \cdots, D$ 组成的向量,j 表示的是特征的维数序号。

接下来,我们介绍一下如何利用 Fisher 向量对图像进行表示。

(1)对图 3-13 所示的两幅猫的图像提取 denseSIFT 特征,denseSIFT 是对 SIFT 的特征的简化,可以认为是在一个分布在图像上的密集的网格位置上计算具有相同尺度和方向的 SIFT 特征,每个 SIFT 特征的维数为 128,从每幅图像中提取 10000 个特征点,因此特征集合的维数为 128×20000。

图 3-13　高斯混合模型的两幅训练图像

（2）用 64 个高斯组成的高斯混合模型去逼近特征分布。给定一幅新的图像，如图 3-14(a)所示，同样地从图像中提取 denseSIFT 特征得到一个 128×10000 维的特征矩阵，然后将提取出来的特征利用上面介绍过的方法计算 Fisher 向量[1]。得到最终的 Fisher 向量为 16384×1 维，其中，这个 Fisher 向量的维数是特征向量的维数（128）、高斯混合模型中的高斯个数（64）和偏移量个数（中值和协方差共 2 个）的乘积。最终计算得到的 Fisher 向量我们取 16384 维的前 100 维进行显示，显示结果如图 3-14(b)所示。

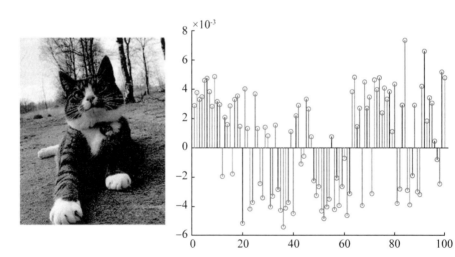

(a) Fisher 向量表示的测试图像　　　(b) 对测试图像的部分 Fisher 向量进行显示的结果

图 3-14　Fisher 向量的表示

---

① http://yael.gforge.inria.fr/matlab_interface.html

3.4　基于深度学习的图像分类

基于特征提取和分类器的传统图像分类方法在小规模数据库上取得了良好的效果,但是随着数据量急剧增长,传统图像分类方法手动定义和提取特征的时间也变得更长,另外非线性支持向量机等分类器的训练时间也迅速增加。基于深度学习的图像分类问题给出了一种解决方案,深度学习不需要手动定义、选择和提取特征,它利用端到端(end-to-end)的特征提取和表示方法,通过多层神经网络直接提取对目标有效的特征(一般是图像中有代表性的信息,例如边界信息),并通过全连接层进行分类。网络的输入即原始数据(或者统一大小的原始数据),网络的输出即目标任务。一旦完成训练,基于深度学习的算法可以非常迅速地完成数据标定。

3.4.1　网络模型的主要类别

深度学习算法模型的基石是神经网络。我们接下来将介绍比较经典的网络模型的结构设计,其中包括浅层的神经网络模型和深度学习的网络模型:自动编码器(Auto encoder)、受限玻尔兹曼机(Restricted Bolzman Machine)、深度信念网络(Deep Belief Network)、卷积神经网络(Convolutional Neural Network)、循环神经网络(Recurrent Neural Network)和长短时记忆神经网络(Long Short Term Memory)。

3.4.1.1　自动编码器

自动编码器的主要思想是通过编码器学习从输入特征空间到一个新的特征空间的映射,并通过解码器学习从这个新的特征空间到原特征空间的映射。映射和反映射的过程都是无监督的,因此称为自动编码器。如果新的特征空间中特征的表示维度比原特征表示维度低,自动编码器可以进行数据降维。

下面我们给出了一个利用自动编码器中的编码器进行数据降维,然后通过解码器进行重构的例子。这里我们使用的数据是 MNIST 数据库中的手写字体。MNIST 是计算机视觉算法中具有通用学术意义的基准验证数据库,一共包含10类阿拉伯数字,它包含60000个训练数据,10000个测试数据,图像均为灰度图,通用的版本图像大小为 28×28。输入数据的维数为 $28 \times 28 = 784$ 维,隐层神经元的个数设置为32,输出层的神经元个数与输入维数相同都是784维。图3-15给出了整个网络结构的设置。

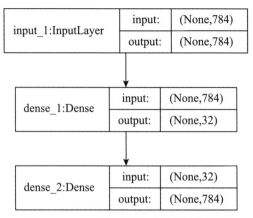

图 3-15 Keras 显示的自动编码器结构图

我们利用这样一个网络对数据先降维然后重构,将重构后的数据与原数据进行对比,对比结果显示在图 3-16 中,我们显示了 10 幅测试图像,第一列图像是原图像,第二列图像是经过降维又重构的图像。我们可以发现重构的图像虽然有一些模糊的现象,但是基本能够分辨出原来图像中的数字。

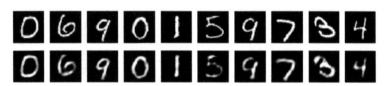

图 3-16 MNIST 数据库中的测试数据经过自动编码器重构之后的结果

3.4.1.2 受限玻尔兹曼机

玻尔兹曼机是非确定性的(或者说随机的)生成式深度学习模型,包含两类结点:隐层节点和可见结点。网络没有输出结点所以网络是非确定性的,是无监督学习网络的一种。与其他类型的神经网络模型不同,玻尔兹曼机的输入节点之间有连接,这使得输入节点之间可以共享信息。

受限玻尔兹曼机是有生成能力的人工神经网络。它包含两层神经元,可以学习输入集的概率分布。受限玻尔兹曼机是玻尔兹曼机的一种特殊类别,神经元间的连接只限制在可见结点和隐层结点之间,如图 3-17 所示。

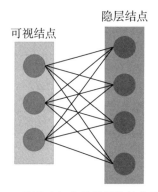

图 3-17　受限玻尔兹曼机网络结构示意图

3.4.1.3　深度信念网络

将多层受限玻尔兹曼机堆叠起来,利用梯度下降进行反向传播和微调,形成的网络即深度信念网络。图 3-18 给出了一个由两个受限玻尔兹曼机组成的深度信念网络的例子。其中,每层网络都是一个受限玻尔兹曼机,前一个受限玻尔兹曼机的输出即为下一个受限玻尔兹曼机的输入。可以首先优化第一层受限玻尔兹曼机,然后固定第一层的参数,将第一层的输出作为第二层的输入,计算第二层受限玻尔兹曼机的参数,从而完成整个网络的参数初始化。之后,加入标签对整个网络进行微调。

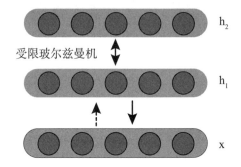

图 3-18　由两层受限玻尔兹曼机构成的一个深度信念网络的结构图

3.4.1.4　卷积神经网络

卷积神经网络可以认为是应用最广泛、效果最显著的一种神经网络结构。卷积神经网络的最基本操作单位是卷积和池化,我们在第 2 章中已经学习过。卷积神经网络通过卷积操作避免了对当前神经元层的全连接操作,实现部分网络神经元的局部操作;并且利用一个卷积核对图像进行处理时,共用卷积核的参数。这两个操作特点使得卷积神经网络同全接连网络相比大大减少了需要学习的网络模型参数。

3.4.1.5 循环神经网络

循环神经网络由若干个循环神经网络的单元构成。这些单元由输入层、隐层和输出层构成。在多个单元构成的循环神经网络结构中(如图 3-19(b)),隐层除了接收来自输入数据的信息之外,还接受来自历史隐层的信息,通过接收历史信息,循环神经网络可以处理时序信息,因此循环神经网络在机器翻译、语音识别、自然语言处理等领域都得到了非常广泛的应用。

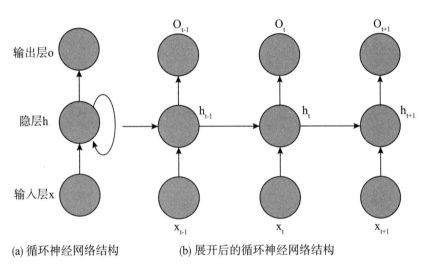

(a) 循环神经网络结构　　　　(b) 展开后的循环神经网络结构

图 3-19　循环神经网络结构

3.4.1.6 长短时记忆神经网络

循环神经网络虽然能够记录处理数据的历史信息,但是在经过几个时间步长之后,时间距离比较久远的信息会变得越来越少,如果当前信息与时间比较久远的信息相关性比较高的时候,循环神经网络的处理效果不会太好。因此,科研人员提出了长短时记忆神经网络以便处理这种问题。

长短时记忆神经网络在保留具有短时历史信息的隐层输入的同时,设计了一个能记录长时历史记忆的参数,通过保留长时历史记忆,模型可以提高具有长时历史相关性的情况下的性能。图 3-20 给出了一个 LSTM 单元的示意图,其中 x 代表输入信息,h 代表隐层信息,贯穿单元上层的直线上记录的是时间比较久远的历史信息,通过这条直线上的历史信息,LSTM 可以达到记录比较久远历史信息的目的。长短时记忆神经网络就是通过将很多个 LSTM 的单元串联到一起构成的。

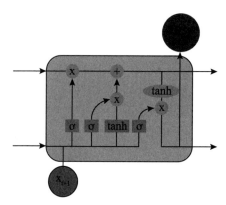

图 3-20　LSTM 单元结构设计示意图

3.4.2　经典的图像分类模型

接下来,我们将介绍图像分类算法中出现过的经典的深度学习算法模型:LeNet-5、AlexNet、GoogleNet、VGGNet 和 ResNet,图 3-21 给出了按照时间顺序列出的几个主要的深度学习算法模型。

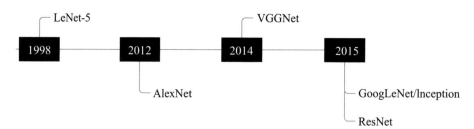

图 3-21　按照时间顺序列出的几个主要的深度学习算法模型

3.4.2.1　LeNet-5

LeNet-5 网络包含 5 层网络,包括 2 个卷积池化层(卷积层加池化层)和 3 个全连接层。图 3-22 给出了 LeNet5 的具体的网络结构设计示意图以及每一层的网络参数设置,其中包括卷积特征数量、全连接层神经元个数等。

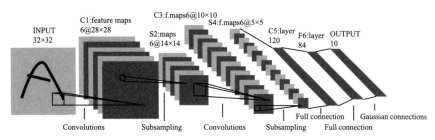

图 3-22　LeNet5 网络架构示意图

3.4.2.2　AlexNet

AlexNet 是第一个真正意义上的深度网络,与 LeNet5 的 5 层相比,它的层数增加了 3 层,网络的参数量也大大增加,输入也从 28 变成了 224,同时 GPU 的面世,也使得深度学习的学习效率大大提高。图 3-23 给出了 AlexNet 的结构示意图,AlexNet 包含 3 个卷积池化层、2 个卷积层和 3 个全连接层,示意图中也给出了网络结构中每卷积层的卷积核维数和个数以及全连接层中的神经元个数设置等。

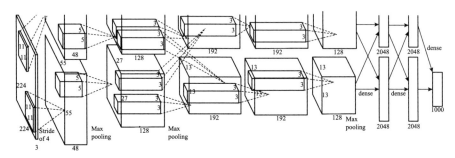

图 3-23　AlexNet 网络结构示意图

3.4.2.3　GoogLeNet/Inceptions

图 3-24 给出了 GoogLeNet 的网络结构图。GoogLeNet 的主要贡献就是实现了 Inception 模块,它能够显著地减少网络中参数的数量。还有,这个网络没有采用卷积神经网络使用的全连接层,而是使用了一个平均池化。

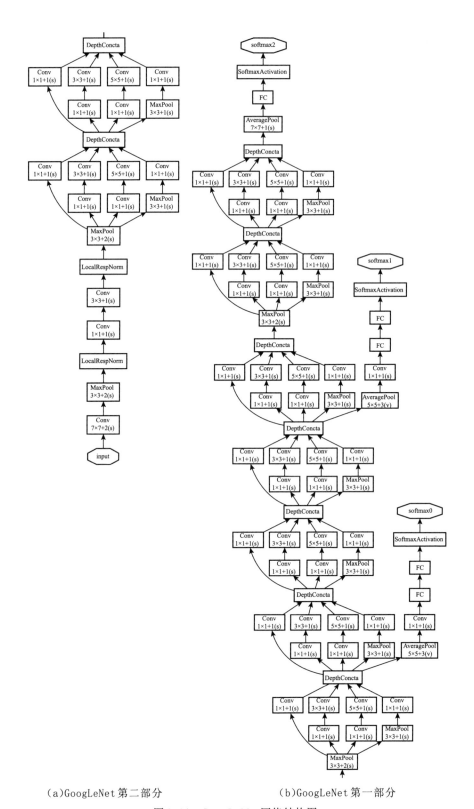

（a）GoogLeNet 第二部分　　　　（b）GoogLeNet 第一部分

图 3-24　GoogLeNet 网络结构图

3.4.2.4 VGGNet

VGGNet的名字源于牛津大学 Visual Geometry Group 的缩写,是该组提出了一组深度学习网络结构的总称,其中最好的网络 VGG16 包含了 16 个卷积/全连接层,所有的卷积使用的基本都是 3×3 的卷积,所有的池化使用的都是 2×2 的池化。图 3-25 给出了所有 VGG 网络的设置,表中 conv 后面的数字表示的分别是感受野的大小和特征通道的个数,即 conv(感受野大小)−(特征通道的个数)。

ConvNet Confinguration					
A	A-LRN	B	C	D	E
11 weight layers	11 weight layers	13 weight layers	16 weight layers	16 weight layers	19 weight layers
input(224×224 RGB image)					
conv3-64	conv3-64 **LRN**	conv3-64 **conv3-64**	conv3-64 conv3-64	conv3-64 conv3-64	conv3-64 conv3-64
maxpool					
conv3-128	conv3-128	conv3-128 **conv3-128**	conv3-128 conv3-128	conv3-128 conv3-128	conv3-128 conv3-128
maxpool					
conv3-256 conv3-256	conv3-256 conv3-256	conv3-256 conv3-256	conv3-256 conv3-256 **conv1-256**	conv3-256 conv3-256 **conv3-256**	conv3-256 conv3-256 conv3-256 **conv3-256**
maxpool					
conv3-512 conv3-512	conv3-512 conv3-512	conv3-512 conv3-512	conv3-512 conv3-512 **conv1-512**	conv3-512 conv3-512 **conv3-512**	conv3-512 conv3-512 conv3-512 **conv3-512**
maxpool					
conv3-512 conv3-512	conv3-512 conv3-512	conv3-512 conv3-512	conv3-512 conv3-512 **conv1-512**	conv3-512 conv3-512 **conv3-512**	conv3-512 conv3-512 conv3-512 **conv3-512**
maxpool					
FC-4096					
FC-4096					
FC-1000					
soft-max					

图 3-25　VGG 所有网络结构的设置

3.4.2.5 ResNet

ResNet 提出了一种新型的跳跃链接(如图 3-26(a)所示),通过使用跳跃链接,ResNet 的这个单元可以将处理前的原始数据进行保留并与处理后的数据 $F(x)$ 相加,从而保留原始数据的特征。这个操作类似于 RNN 和 LSTM 中保留历史数据的操作,区别在于 RNN 和 LSTM 中保留的是不同时刻的数据信息,ResNet 单元中保留的是不同处理时刻的信息。另外,ResNet网络中大量使用了批量归一化(batch normalization)处理。图3-26(b)中给出了ResNet的整个网络架构示意图,ResNet包含34层网络结构,同VGGNet类似,它基本上都采用了3×3的卷积核,只有在最开始的图像输入的第一层卷积层采用了7×7的卷积核。

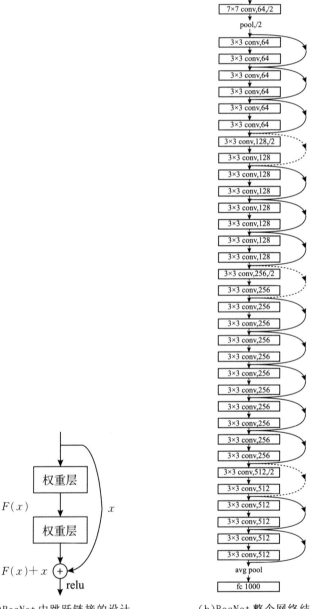

(a)ResNet中跳跃链接的设计　　　(b)ResNet整个网络结构

图3-26　ResNet网络结构示意图

3.4.3 深度学习算法与传统算法的比较

深度学习算法与传统的特征提取加分类器的算法相比,有相似的地方,例如词袋模型中通过低层特征对图像进行编码的过程与深度学习算法中卷积层作用类似,深度学习算法中的卷积层实际上也是提取低层特征然后编码的过程。不同之处在于,词袋模型中特征提取和表示过程都是预先定义好的,不能根据具体的问题或者设定的目标对这个过程进行监督或者优化,而深度学习模型中端到端的学习方式能够更好地结合具体的问题,对低层特征的提取和描述进行指导。

习 题

1. 简述词袋模型的主要流程。
2. 词袋模型与深度学习模型之间的联系和区别是什么?
3. 描述LeNet网络的主要组成部分和利用LeNet进行手写字体识别的主要过程。
4. 长短时记忆神经网络与循环神经网络相比有什么优点? 为了获得这些优点,长短时记忆神经网络在结构上有什么改变?
5. 选择一个经典的深度学习网络模型,下载该模型的网络结构定义文件及其训练好的模型参数文件,并利用这个训练好的模型实现对MNIST数据库的图像分类。

第
4
章

图像语义分割

4.1 概　述

图像分割是计算机视觉中的基本任务,目的是根据图像所显示的内容标记特定区域。所谓图像分割指的是根据灰度、颜色、纹理和形状等特征把图像划分成若干互不交迭的区域,并使这些特征在同一区域内呈现出相似性,而在不同区域间呈现出明显的差异性。简单来说分割就是为了解决"这张图片里有什么,它在图片什么位置"的问题。

在此基础上,给分割后图像中的每一类物体添加语义标签,用不同的颜色代表不同类别的物体,即形成了图像的语义分割。众所周知,图像是由许多像素(pixel)组成,而"语义分割"顾名思义就是将像素按照图像中表达语义含义的不同进行分组(grouping)或分割(segmentation)。图 4-1 取自图像分割领域的标准数据集之一——PASCAL VOC。其中,左图为原始图像,右图为分割任务的真实标记(ground truth):1 号区域表示语义为"person"的区域,2 号区域表示语义为"motorbike"的区域,3 号区域表示语义为"background"的区域,白色(边)则表示未标记区域。在图像语义分割任务中,其输入为一张 $H \times W \times 3$ 的三通道彩色图像,输出则是对应的一个 $H \times W$ 矩阵,矩阵的每一个元素表明了原图中对应位置像素所表示的语义类别(semantic label)。因此,图像语义分割也称为"图像语义标注"(image semantic labeling)、"像素语义标注"(semantic pixel labeling)或"像素语义分组"(semantic pixel grouping)。由于图像语义分割的目标是用相应的类别来表示图像的每个像素,所以通常也称为密集预测(dense prediction)。

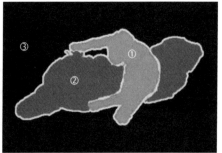

图 4-1　图像语义分割实例

目前语义分割主要包含以下应用领域。

（1）地理信息系统：可以通过训练神经网络让机器输入卫星遥感影像，自动识别道路，河流，庄稼，建筑物等，并且对图像中每个像素进行标注。

（2）无人车驾驶：语义分割也是无人车驾驶的核心算法技术，车载摄像头，或者激光雷达探查到图像后将其输入到神经网络中，后台计算机可以自动将图像分割归类，以避让行人和车辆等障碍。

（3）医疗影像分析：随着人工智能的崛起，将神经网络与医疗诊断结合也成为研究热点，智能医疗研究逐渐成熟。在智能医疗领域，语义分割主要应用于肿瘤图像分割、龋齿诊断等。

4.2　基于聚类的分割方法

聚类即确定图像中的像素的自然归属类别。聚类分割技术按照样本间的相似性把集合划分为若干子集，划分结果使某种表示聚类质量的准则为最大。当用距离来表示两个样本间的相似度时，结果就是把特征空间划分为若干区域，每一个区域相当于一个类别。一些常用的距离度量都可以作为这种相似度量，因为从经验看，凡是同一类的样本，其特征向量应该是相互靠近的，而不同类的样本及其特征向量之间的距离要大得多。基于像素聚类的代表方法有 K-Means（K 均值）、谱聚类、Mean Shift 和 SLIC 等。一般来说，基于聚类的分割方法通用的步骤如下：

（1）初始化一个粗糙的聚类；

（2）使用迭代的方式将颜色、亮度、纹理等特征相似的像素点聚类到同一超像素，迭代直至收敛，从而得到最终的图像分割结果。

4.2.1　K-Means

K-Means 是最简单的聚类算法之一，应用十分广泛。它以距离作为相似性的评价指标，基本思想是按照距离将样本聚成不同的簇。图像中两点的距离越近，其相似度就越大，以得到紧凑且独立的簇作为聚类目标。K-Means 算法是一种输入聚类个数 K，以及包含 n 个数据对象的数据库，输出满足方差最小标准 K 个聚类的算法。K-Means 算法接受输入量 K，然后将 N 个数据对象划分为 K 个聚类以便使得所获得的聚类满足：同一聚类中的对象相似度较高；而不同聚类中的对象相似度较小。

K-Means 聚类算法的实现步骤大致表示如下：

（1）随机选取 K 个初始聚类中心；

（2）计算每个样本到各聚类中心的距离，将每个样本归到其距离最近的聚类中心所对应的簇中；

（3）对每个簇，以所有样本的均值作为该簇新的聚类中心；

（4）重复第（2）~（3）步，直到聚类中心不再变化或达到设定的迭代次数。

K-Means聚类的一大优点就是速度快，因为它只需计算数据点和质心点之间的距离，涉及的计算量非常少，因此它的算法时间复杂度只有$O(n)$。

K-Means聚类主要有以下几个缺点。

（1）聚类簇数K没有明确的选取准则，但是在实际应用中K一般不会设置很大。可以通过枚举法，比如令K从2到10。其实很多经典方法的参数都没有明确的选取准则，如PCA的主元个数，可以通过多次实验或者采取一些小技巧来选择，一般都会达到很好的效果。

（2）从K-Means算法框架可以看出，该算法的每一次迭代都要遍历所有样本，计算每个样本到所有聚类中心的距离，因此当样本规模非常大时，算法的时间开销是非常大的。

（3）K-Means算法是基于距离的划分方法，只适用于分布为凸形的数据集，不适合对于图4-2所示的聚类非凸形状的类簇。

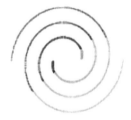

图4-2　非凸形状数据分布

4.2.2　谱聚类

谱聚类（Spectral Clustering）是一种基于图论的聚类方法——将带权无向图划分为两个或两个以上的最优子图，使子图内部尽量相似，而子图间距离尽量较远，以达到常见的聚类的目的。与K-Means算法相比谱聚类方法不容易陷入局部最优解，能够对高维度、非常规分布的数据进行聚类。与传统的聚类算法相比，该算法能在任意形状的样本空间上执行并且收敛于全局最优，这个特点使得它对数据的适应性非常广泛。

为了进行聚类，需要利用高斯核计算任意两点间的相似度以此构成相似度矩阵。谱聚类算法是将样本点看成为一个个顶点，将顶点之间用带权的边连接起来，带权的边可以看成是顶点之间的相似度。聚类从而可以看成如何分割这些带权的边，继而将聚类问题转化为图分割的问题，数据点之间的相似程度由边的权重表示，常用方法的相似度度量方法有余弦相似度（式4-1）、高斯函数（式4-2）。

$$sim(X, Y) = \cos\theta = \frac{x \cdot y}{\|x\| \cdot \|y\|} \tag{4-1}$$

$$W_{ij} = \exp(-\frac{d(s_i, s_j)}{2\sigma^2}) \tag{4-2}$$

谱聚类算法流程简单描述为利用样本数据,得到相似矩阵(拉普拉斯矩阵),再进行特征分解后得到特征向量,对特征向量构成的样本进行聚类。具体内容如下:

(1)根据输入的相似矩阵的生成方式构建样本的相似矩阵 S;

(2)根据相似矩阵 S 构建邻接矩阵 W,构建度矩阵 D;

(3)计算出拉普拉斯矩阵 L;

(4)构建标准化后的拉普拉斯矩阵 $D^{-\frac{1}{2}}LD^{-\frac{1}{2}}$;

(5)计算 $D^{-\frac{1}{2}}LD^{-\frac{1}{2}}$ 最小的 k_1 个特征值所各自对应的特征向量 f;

(6)将各自对应的特征向量 f 组成的矩阵按行标准化,最终组成 $n \times k_1$ 维的特征矩阵 F;

(7)对 F 中的每一行作为一个 k_1 维的样本,共 n 个样本,用输入的聚类方法进行聚类,聚类维数为 k_2;

(8)得到簇划分 $C(c_1, \cdots, c_{k_2})$。

谱聚类具有坚实的理论基础,相对于其他聚类方法具有许多优势,在实践中的应用领域在不断扩展,取得了不错的效果,但是它仍然存在两个缺点:一是谱聚类对参数非常敏感;二是时间复杂度和空间复杂度大。

4.2.3 Mean Shift

Mean Shift 算法,又称均值漂移算法,是一种基于核密度估计的爬山算法,可用于聚类、图像分割、跟踪等。它的工作原理基于质心,这意味着它的目标是定位每个簇(类)的质心,即先算出当前点的偏移均值,将该点移动到此偏移均值位置,然后以此为新的起始点,继续移动,直到满足最终的条件(找出最密集的区域)。

结合图 4-3 详细介绍下 Mean Shift 算法的工作原理:首先在 d 维空间中,任选一点作为圆心,以 h 为半径做圆。圆心和圆内的每个点都构成一个向量。将这些向量进行矢量加法操作,得到 Mean Shift 向量(图 a),继续以 Mean Shift 向量的终点为圆心做圆,得到下一个 Mean Shift 向量,通过有限次迭代计算(图 b),最终 Mean Shift 算法一定可以收敛到图中概率密度最大的位置,即数据分布的稳定点,称为模点(图 c)。

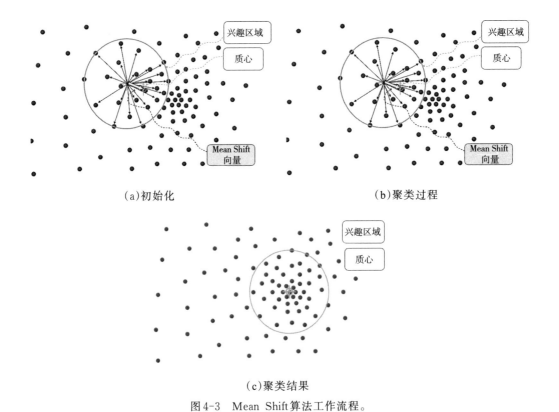

（a）初始化　　　　　　　　　　　　　（b）聚类过程

（c）聚类结果

图4-3　Mean Shift算法工作流程。

在图像分割任务中,Mean Shift把具有相同模点的像素聚类到同一区域,其形式化定义为:

$$y_{k+1}^{mean} = \mathrm{argmin}_z \sum_i \|x_i - z\|^2 \varphi(\|\frac{x_i - y_k}{h}\|^2). \tag{4-3}$$

其中,x_i表示待聚类的样本点,y_k代表点的当前位置,y_{k+1}^{mean}代表点的下一个位置,h表示带宽。

Mean Shift算法具有较好的稳定性与鲁棒性,在实际中被广泛应用。与K-Means算法相比,Mean Shift不需要实现定义聚类数量,因为这些都可以在计算偏移均值时得出。同时,算法推动聚类中心在向密度最大区域靠近的效果也非常令人满意,这一过程符合数据驱动型任务的需要,而且十分自然直观。但是Mean Shift对于高维球区域选择不同半径r可能会产生高度不同的影响。另外,当分割对象所包含的语义信息较少时使用本算法分割效果不理想,且算法运行速度较慢,不适用于实时处理任务。

4.2.4　SLIC

SLIC（Simple Linear Iterative Clustering）,是Achanta等人于2010年提出的一种

思想简单、实现方便的算法,将彩色图像转化为CIE Lab颜色空间和XY坐标下的5维特征向量,然后对5维特征向量构造距离度量标准,对图像像素进行局部聚类的过程。SLIC算法能生成紧凑、近似均匀的超像素,在运算速度、物体轮廓保持、超像素形状方面具有较高的综合评价,比较符合人们期望的分割效果。

具体介绍SLIC之前,先明确一下超像素概念。在平常图像处理任务中,处理的最小单位是像素,这就是像素级(pixel-level);而把像素级的图像划分成为区域级(district-level)的图像,把区域当成是最基本的处理单元,这就是超像素。

SLIC算法的实质是将K-Means算法用于超像素聚类,SLIC的具体实现包含以下步骤。

(1)将图像转换为CIE Lab颜色空间,对应每个像素的(L,a,b)颜色值和(x,y)坐标组成一个5维向量$V[L,a,b,x,y]$。

(2)初始化K个种子点(聚类中心),在图像上平均撒落K个点,K个点均匀地占满整幅图像。假设图片总共有N个像素点,预分割为K个相同尺寸的超像素,那么每个超像素的大小为N/K,则相邻种子点的距离(步长)近似为$S=\mathrm{sqrt}(N/K)$。

(3)对种子点在内的$n \times n$(一般为3×3)区域计算每个像素点梯度值,为了防止种子点落在了轮廓边界上,选择值最小(最平滑)的点作为新的种子点。

(4)对种子点周围$2S \times 2S$的方形区域内的所有像素点计算距离度量D',对于K-Means算法是计算整张图的所有像素点,而SLIC的计算范围是$2S \times 2S$,所以SLIC算法收敛速度更快。

K-Means与SLIC算法对比如图4-4所示。

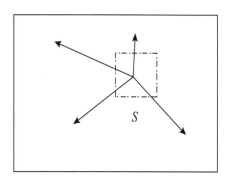
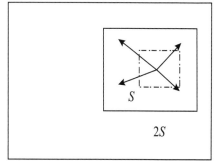

（a）K-Means在整个图片空间进行搜索　　（b）SLIC在某个局部空间进行搜索聚类

图4-4　K-Means与SLIC算法对比

其中,距离计算方法如下:

$$d_c = \sqrt{(l_j - l_i)^2 + (a_j - a_i)^2 + (b_j - b_i)^2}, \tag{4-4}$$

$$d_s = \sqrt{(x_j - x_i)^2 + (y_j - y_i)^2}, \tag{4-5}$$

$$D' = \sqrt{(\frac{d_c}{N_c})^2 + (\frac{d_s}{N_s})^2}. \tag{4-6}$$

（5）每个像素点都可能被几个种子点计算距离度量，选择其中最小的距离度量对应的种子点作为其聚类中心。

SLIC算法主要优点有：生成的超像素一般比较紧凑整齐且邻域特征明显；可对彩色图和灰度图进行分割；只需设置一个预分割的超像素参数；与其他超像素分割方法比较，运算速度、紧凑整齐度优于其他算法。SLIC算法的主要缺点是对边缘的保持使用位置限制，导致超像素和图像边缘的契合度变差。

4.3 基于边缘的分割方法

基于边缘检测的图像分割算法试图通过检测包含不同区域的边缘来解决分割问题。这种方法是人们最先想到也是研究最多的方法之一。通常不同区域的边界上像素的灰度值变化比较剧烈，如果将图片从空间域通过傅里叶变换到频率域，边缘就对应着高频部分，这是一种非常简单的边缘检测算法。

边缘检测技术通常可以按照处理的技术分为串行边缘检测和并行边缘检测。串行边缘检测是要想确定当前像素点是否属于检测边缘上的一点，取决于先前像素的验证结果；并行边缘检测是确定一个像素点是否属于检测边缘上的一点，取决于当前正在检测的像素点以及与该像素点临近的一些临近像素点。

基于边缘分割的一般流程如下：

（1）确定起始边界点；

（2）选择搜索策略，并根据一定的机理依次检测新的边界点；

（3）设定终止条件，当搜索进程结束时使之停下来。

常用的一阶微分算子有Roberts、Prewitt、Sobel等算子，常用的二阶微分算子有Laplace和Kirsh等算子。在实际处理操作中常用模板矩阵与图像像素值矩阵卷积来实现微分运算。由于垂直边缘的方向上的像素点和噪声都是灰度不连续点，所以变换到频域时，在频域均为高频分量，直接采用微分运算不可避免地会受到噪声的很大影响。因此，微分算子只适用于图像噪声比较少的简单图像。针对此问题，LoG算子（Laplace of Gaussian）和Canny算子采取的方法是，先对图像进行平滑滤波，然后再用微分算子与图像进行卷积操作。其中，LoG算子是采用Laplacian算子计算高斯函数的二阶导数，Canny算子是高斯函数的一阶导数，两种算子在抑制噪声和检测边缘之间取得了比较好的平衡。

4.3.1　Roberts算子

Roberts算子是一种利用局部差分算子检测边缘的算子,对具有陡峭的低噪声图像处理的效果较好。其定义如下:

$$G[f(x,y)]=\sqrt{\{[f(x+1,y+1)-f(x,y)]^2+[f(x+1,y)-f(x,y+1)]^2\}} \tag{4-7}$$

上述公式计算量较大,在实际操作中通常采用绝对差算法近似代替上述公式:

$$G[f(x,y)]\approx|f(x+1,y)-f(x,y)|+|f(x,y+1)-f(x,y)|, \tag{4-8}$$

$$G[f(x,y)]\approx|f(x+1,y+1)-f(x,y)|+|f(x,y+1)-f(x+1,y)| \tag{4-9}$$

Roberts算子卷积核通常设置为:

$$\begin{bmatrix} 1 & 0 \\ 0 & -1 \end{bmatrix}\begin{bmatrix} 0 & 1 \\ -1 & 0 \end{bmatrix}$$

Roberts算子概念简单,算法计算复杂度较低,对低噪声图像操作可以得到不错的效果,但是在稍复杂图像上则难以胜任。

4.3.2　Sobel算子

Sobel算子有两个矩阵算子,也称卷积核,分别计算x方向和y方向上的方向梯度,两个核分别与图像进行卷积计算,一个对水平方向上的边缘敏感,一个对垂直方向上的边缘敏感。Sobel算子定义如下:

$$S=\sqrt{(d_x^2+d_y^2)}, \tag{4-10}$$

$$d_x=[f(x-1,y-1)+2f(x,y-1)+f(x+1,y-1)]-[f(x-1,y+1)+2f(x,y+1)+f(x+1,y+1)] \tag{4-11}$$

$$d_y=[f(x+1,y-1)+2f(x+1,y)+f(x+1,y+1)]-[f(x-1,y-1)+2f(x-1,y)+f(x-1,y+1)] \tag{4-12}$$

Sobel卷积核通常设置为:

$$\begin{bmatrix} -1 & -2 & -1 \\ 0 & 0 & 0 \\ 1 & 2 & 1 \end{bmatrix}\begin{bmatrix} -1 & 0 & 1 \\ -2 & 0 & 2 \\ -1 & 0 & 1 \end{bmatrix}$$

Sobel算子结构简洁,能较好地抑制噪声。

4.3.3　Prewitt算子

Prewitt算子和Sobel算子类似,也有两个卷积核,区别在于卷积核中心系数的权值不同。Prewitt算子定义:

$$S_p = \sqrt{(d_x^2 + d_y^2)}. \tag{4-13}$$

卷积核定义为：

$$\begin{bmatrix} -1 & -1 & -1 \\ 0 & 0 & 0 \\ 1 & 1 & 1 \end{bmatrix} \begin{bmatrix} -1 & 0 & 1 \\ -1 & 0 & 1 \\ -1 & 0 & 1 \end{bmatrix}$$

Prewitt算子实现起来比Sobel算子更为简单，也可以在一定程度上抑制噪声。

4.3.3 LoG算子

LoG(Laplace of Gaussian)，即拉普拉斯高斯算子。拉普拉斯算子是对二维函数求二阶导数的算子，拉普拉斯高斯算子则是对二维高斯函数求二阶导数的算子。二维高斯函数定义为：

$$G(x, y) = e^{\frac{x^2 + y^2}{2\sigma^2}} \tag{4-14}$$

LoG算子定义为：

$$\Delta G(x, y) = \left[\frac{x^2 + y^2 - 2\sigma^2}{\sigma^4}\right] e^{\frac{-x^2 + y^2}{2\sigma^2}}, \tag{4-15}$$

其中，LoG卷积核定义为：

$$\begin{Vmatrix} 0 & -1 & 0 \\ -1 & 4 & -1 \\ 0 & -1 & 0 \end{Vmatrix} \text{或} \begin{Vmatrix} -1 & -1 & -1 \\ -1 & 8 & -1 \\ -1 & -1 & -1 \end{Vmatrix}$$

LoG算子可以根据需要进行调整以便在期望的尺寸上起作用，可使得大的算子用于检测模糊边缘，小的算子用于检测锐度集中的精细细节。

LoG算子的优点有：图像与高斯滤波器进行卷积，既平滑了图像，又降低了噪声，孤立的噪声点和较小的结构组织将被滤除；在边缘检测时则仅考虑那些具有局部梯度最大值的点为边缘点，用拉普拉斯算子将边缘点转换成零交叉点，通过零交叉点的检测实现边缘检测。LoG算子的缺点是在过滤噪声的同时使得原有的边缘在一定程度上被平滑了。

4.3.4 Canny算子

Canny算子检测边缘点的方法基本思想是寻找图像梯度的局部最大值。评价一个边缘检测算子，一般考虑三个指标：①低失误概率：在尽可能把所有边缘检测到的同时，减少将非边缘误判为边缘；②高位置精度：检测出的边缘是真正的边界，检测到的边缘位置足够精确；③检测得到的边界是单像素宽。

针对这三个指标，Canny在设计检测算子时提出了边缘检测算子的准则：信噪比准则、定义精度准和单边缘响应准则。遵循这三个准则，Canny算子设计实现包含以下步骤。

(1)首先用高斯滤波模板进行卷积以平滑图像。

(2)利用微分算子,计算梯度的幅值和方向。

(3)对梯度幅值进行非极大值抑制。即遍历图像,若某个像素的灰度值与其梯度方向上前后两个像素的灰度值相比不是最大,那么这个像素值置为0,即不是边缘。

(4)使用双阈值算法检测和连接边缘。即使用累计直方图计算两个阈值,将大于高阈值的像素判定为边缘,小于低阈值的判定为非边缘。如果检测结果大于低阈值且小于高阈值,则查看该像素的邻接像素中是否存在超过高阈值的边缘像素,如果有则该像素被判定为边缘,否则为非边缘。

基于边缘检测分割方法的优点是边缘定位准确、速度快。缺点是不能保证边缘的连续性和封闭性,在高细节区域存在大量的碎边缘,难以形成一个大区域。

4.4　基于区域的分割方法

基于区域的分割方法是将图像按照相似性准则分成不同的区域,主要包括基于阈值的分割法、种子区域生长法、区域分裂合并法和分水岭法等几种类型。

4.4.1　基于阈值的分割法

阈值法可以解决将图像分为背景与目标两部分的分割问题。阈值法的基本思想是基于图像的灰度特征来计算一个或多个灰度阈值,并将图像中每个像素的灰度值与阈值作比较,最后将像素根据比较结果分到合适的类别中。因此,该方法最为关键的一步就是按照某个准则函数求解最佳灰度阈值。

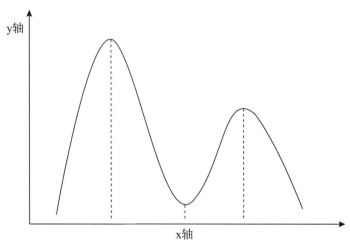

图4-5　以谷底为阈值分割

阈值法特别适用于目标和背景占据不同灰度级范围的图。图4-5中，假设两个波峰分别对应了目标和背景，它们的灰度值之间有着很大的差异，通过将阈值的选择为波谷的值，即可把图像中的目标和背景分开。

图像若只有目标和背景两大类，那么只需要选取一个阈值进行分割，称为单阈值分割；但是如果图像中有多个目标需要提取，单一阈值的分割就会出现错误，在这种情况下就需要选取多个阈值将每个目标分隔开，称为多阈值分割。

下面是一些基于阈值的经典分割算法。

（1）固定阈值分割：思路简单，即固定某像素值为分割点对图像进行分割。

（2）直方图双峰法：Prewitt等人于20世纪60年代中期提出的直方图双峰法（也称Mode法）是典型的全局单阈值分割方法。该方法的基本思想是：假设图像中有明显的目标和背景，则其灰度直方图呈双峰分布，当灰度级直方图具有双峰特性时，选取两峰之间波谷对应的灰度级作为阈值。如果背景的灰度值在整个图像中可以合理地看作为恒定，而且所有物体与背景都具有几乎相同的对比度，那么，选择一个正确的、固定的全局阈值会有较好的效果。算法实现：找到第一个峰值和第二个峰值，再找到第一和第二个峰值之间的波谷值，即为阈值。

（3）迭代阈值图像分割：该算法先假定一个阈值，然后计算在该阈值下的前景和背景的中心值，当前景和背景中心值的平均值和假定的阈值相同时，则迭代中止，并以此值为阈值进行二值化。

①统计图像灰度直方图，求出图像的最大灰度值和最小灰度值，分别记为 Z_{MAX} 和 Z_{MIN}，令初始阈值 $T_0 = (Z_{MAX} + Z_{MIN})/2$。

②根据阈值 T_K 将图像分割为前景和背景，计算小于 T_0 的所有灰度的均值 Z_O，和大于 T_0 的所有灰度的均值 Z_B。

③求出新阈值 $T_{K+1} = (Z_O + Z_B)/2$。

④若 $T_K = T_{K+1}$，则所得即为阈值；否则转②，迭代计算。

（4）自适应阈值图像分割：有时候物体和背景的对比度在图像中不是处处一样的，普通阈值分割难以起作用。这时候可以根据图像的局部特征分别采用不同的阈值进行分割。只要我们将图像分为几个区域，分别选择阈值，或动态地根据一定邻域范围选择每点处的阈值，从而进行图像分割。

（5）大津法OTSU（最大类间方差法）：日本学者大津在1979年提出的自适应阈值确定方法。按照图像的灰度特性，将图像分为背景和目标两部分。背景和目标之间的类间方差越大，说明构成图像的两部分的差别越大，当部分目标错分为背景或部分背景错分为目标都会导致两部分差别变小。因此，使类间方差最大的分割意味着错分概率最小。OTSU算法流程如下：

①计算输入图像的直方图，并归一化。

②计算累积均值 M，以及全局灰度均值。

③计算被分到类1的概率 q_1 和被分到类2的概率 q_2 以及各类的均值 M_1

④用公式计算类间方差；

$$\sigma = q_1 \times q_2 \times (M_1 - M_2) \times (M_1 - M_2) \qquad (4\text{-}16)$$

⑤循环寻找类间方差最大值，并记下此时的阈值，即为最佳阈值。

⑥利用最佳阈值进行图像阈值化。

(6)均值法：把图像分成 $m \times n$ 块子图，求取每一块子图的灰度均值就是所有像素灰度值之和除以像素点的数量，这个均值就是阈值。均值法和大津法都是从图像整体来考虑阈值，但是大津法通过类间方差最大值而求出最佳阈值，因此效果不如大津法。另一方面，子图数量增加会提高均值法的分割效果，但数量过多会降低算法效率。

(7)最佳阈值：阈值选择需要根据具体问题来确定，一般通过实验来确定。如对某类图片，可以分析其直方图等。

阀值分割方法计算简单，效率较高，但由于只考虑像素点灰度值本身的特征，一般不考虑空间特征，因此对噪声比较敏感，鲁棒性不高。

4.4.2 种子区域生长法

种子区域生长法是由 Levine 等人提出的一种图像分割方法，其基本思想是将具有相似性质的像素集合起来构成区域，即从一组代表不同生长区域的种子像素开始，将种子像素邻域里符合条件的像素合并到种子像素所代表的生长区域中，并将新添加的像素作为新的种子像素继续合并，直到找不到符合条件的新像素为止。该方法的关键是选择合适的初始种子像素以及合理的生长准则。区域生长算法需要解决的三个问题：选择或确定一组能正确代表所需区域的种子像素；确定在生长过程中能将相邻像素包括进来的准则；指定让生长过程停止的条件或规则。其过程示意如图4-6所示。

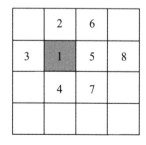

(a)像素点标号

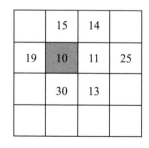

(b)像素点灰度值

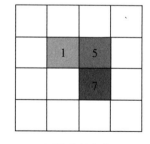

(c)区域生长方向

图4-6　区域生长法过程示意

下面是区域生长分割的一个实例。

(1)随机选取图像中的一个像素作为种子像素，并将其表示出来，如：标签1，如图4-7所示。

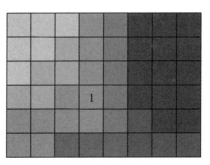

图 4-7　步骤一

（2）检索种子附近的未被标记的像素点，如果差值在所规定的阈值内（阈值需要根据不同的情况进行设置），则合并到分割区域中，如图 4-8 所示。

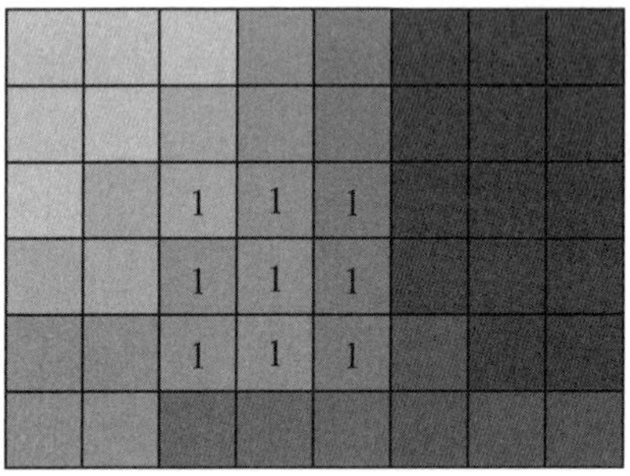

图 4-8　步骤二

（3）重复步骤二，直到区域停止扩张，并在此时再次随机选择非选定区域的一个像素作为种子像素，如图 4-9 所示。

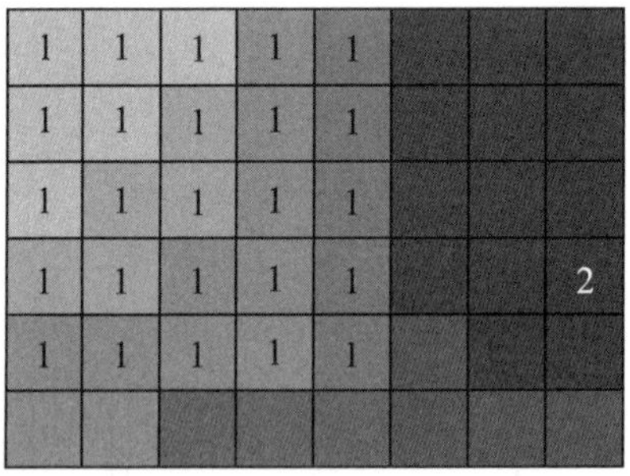

图 4-9　步骤三

（4）重复上述步骤，直到图像中的每个像素均被分配到不同的区域中，如图 4-10 所示。

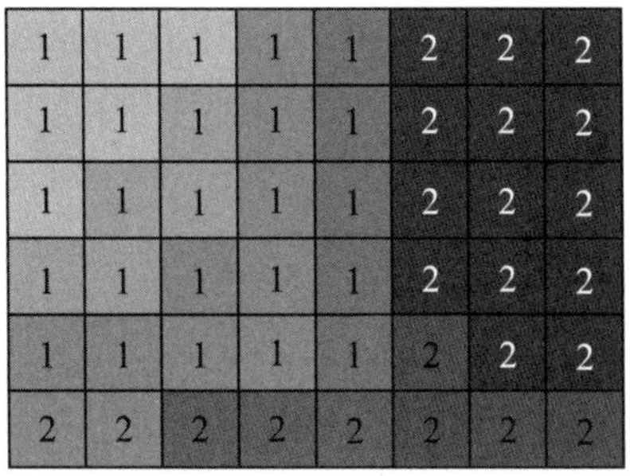

图4-10　步骤四

　　种子区域生长法的优点是计算简单,对于较均匀的连通目标有较好的分割效果;缺点是需要人为确定种子点,对噪声敏感,可能导致区域内有空洞。另外,它是一种串行算法,当目标较大时,分割速度较慢,因此在设计算法时,要尽量提高效率。

4.4.3　区域分裂合并法

　　区域分裂合并法(Gonzalez,2002)是区域生长逆过程,基本思想是首先将图像任意分成若干互不相交的区域,然后再按照相关准则对这些区域进行分裂或者合并从而完成分割任务,该方法既适用于灰度图像分割,也适用于纹理图像分割。区域生长是从某个或者某些像素点出发,最终得到整个区域,进而实现目标的提取。而分裂合并可以说是区域生长的逆过程,从整幅图像出发,不断分裂得到各个子区域,然后再把前景区域合并,得到需要分割的前景目标,进而实现目标的提取。四叉树分解法是一种典型的区域分裂合并法,基本算法如下。

　　(1)首先将图像中的所有像素进行单独的标识,如图4-11所示。

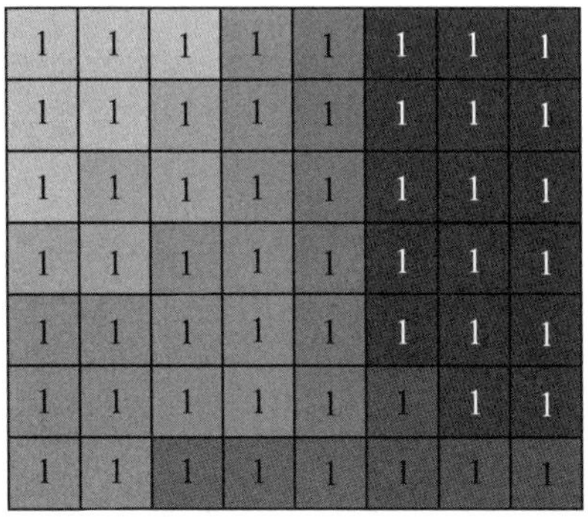

图4-11　步骤一

　　(2)对于相同标识的区域,如果像素特征值不在同一个范围内,则将该区域分成四个象限,如图4-12所示。

1	1	1	1	2	2	2	2
1	1	1	1	2	2	2	2
1	1	1	1	2	2	2	2
1	1	1	1	2	2	2	2
3	3	3	3	4	4	4	4
3	3	3	3	4	4	4	4
3	3	3	3	4	4	4	4

图 4-12　步骤二

(3)重复步骤二,直到所有的子区域都有相似的特征值,如图 4-13 所示。

1	1	1	1	2	8	5	5
1	1	1	1	9	10	5	5
1	1	1	1	6	11	7	7
1	1	1	1	12	13	7	7
3	3	14	14	4	4	17	17
3	3	14	14	4	4	17	17
15	15	16	16	18	18	19	19

图 4-13　步骤三

(4)对比相邻的子区域,将相似的区域进行合并,重复上述过程,直到所有子区域均没有相邻的相似区域,如图 4-14 所示。

1	1	1	1	2	8	5	5
1	1	1	1	2	8	5	5
1	1	1	1	6	11	5	5
1	1	1	1	6	11	5	5
3	3	3	3	4	20	17	17
3	3	3	3	4	20	17	17
15	15	15	15	17	17	17	17

图 4-14　步骤四

区域分裂合并算法对于复杂图像具有良好的分割效果,但是算法复杂,计算量大,分裂过程中有可能破坏区域的边界。在实际应用当中通常将区域生长算法和区域分裂合并算法结合使用,该类算法对某些复杂物体定义的复杂场景的分割或者对某些自然景物的分割等类似先验知识不足的图像分割效果较为理想。

4.4.4　分水岭法

分水岭法(Meyer,1990)是一种基于拓扑理论的数学形态学的分割方法,其基本思想是把图像看作是测地学上的拓扑地貌,图像中每一点像素的灰度值表示该点的海拔高度,每一个局部极小值及其影响区域称为集水盆,而集水盆的边界则形成分水岭。分水岭的概念和形成可以通过模拟浸入过程来说明(图4-15)。在每一个局部极小值表面,刺穿一个小孔,然后把整个模型慢慢浸入水中,随着浸入的加深,每一个局部极小值的影响域慢慢向外扩展,在两个集水盆汇合处构筑大坝,即形成分水岭。该算法的实现可以模拟成洪水淹没的过程,图像的最低点首先被淹没,然后水逐渐淹没整个山谷。当水位到达一定高度的时候将会溢出,这时在水溢出的地方修建堤坝,重复这个过程直到整个图像上的点全部被淹没,这时所建立的一系列堤坝就成为分开各个盆地的分水岭。分水岭算法对微弱的边缘有着良好的响应,但图像中的噪声会使分水岭算法产生过分割的现象。

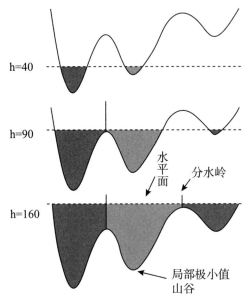

图4-15　分水岭模型

分水岭算法应用于分割的过程时把跟临近像素间的相似性作为重要的参考依据,将在空间位置上相近并且灰度值相近(求梯度)的像素点互相连接起来构成一个封闭的轮廓。分水岭算法常用的操作主要包含以下步骤。

(1)把梯度图像中的所有像素按照灰度值进行分类,并设定一个测地距离阈值。

(2)找到灰度值最小的像素点(默认标记为灰度值最低点),让threshold从最小值开始增长,这些点为起始点。

(3)水平面在增长的过程中,会碰到周围的邻域像素,测量这些像素到起始点(灰度值最低点)的测地距离,如果小于设定阈值,则将这些像素淹没,否则在这些像素上设置大坝,这样就对这些邻域像素进行了分类。

(4)随着水平面越来越高,会设置更多更高的大坝,直到灰度值的最大值,所有区域都在分水岭线上相遇,这些大坝就对整个图像像素的进行了分区。

分水岭对微弱边缘具有良好的响应,图像中的噪声、物体表面细微的灰度变化都有可能产生过度分割的现象,但是这也同时能够保证得到封闭连续边缘。同时,分水岭算法得到的封闭的集水盆也为分析图像的区域特征提供了可能。

4.5　基于图论的分割方法

基于图论的方法利用图论领域的理论和方法,将图像映射为带权无向图,把像素视作节点,将图像分割问题看作是图的顶点划分问题,利用最小剪切准则得到图像的最佳分割。此类方法把图像分割问题与图的最小割(min cut)问题相关联。首先将图像映射为带权无向图 $G=<V,E>$,图中每个节点 $N \in V$ 对应于图像中的每个像素,每条边 $e \in E$ 连接着一对相邻的像素,边的权值表示了相邻像素之间在灰度、颜色或纹理方面的非负相似度。而对图像的一个分割 s 就是对图的一个剪切,被分割的每个区域 $C \in S$ 对应着图中的一个子图。而分割的最优原则就是使划分后的子图在内部保持相似度最大,而子图之间的相似度保持最小。如图 4-16 所示。基于图论的分割方法的本质就是移除特定的边,将图划分为若干子图从而实现分割。目前使用较多的基于图论的方法有 Normalized Cut、Graph Cuts 和 Grab Cut 等。

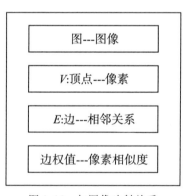

图 4-16　与图像映射关系

4.5.1　Normalized Cut

介绍 Normalized Cut 之前首先明确什么是分割(cut)与最小化分割(min-cut)。以下图为例,我们把图 4-17(a)看成一个整体 G,G 分成两个子集 A、B,$A \cup B=V$,$A \cap B=\varnothing$,$cut(A,B)=\sum_{\mu \in A, \nu \in B} \omega(\mu, \nu)$,其中 $\omega(\mu, \nu)$ 是权重(weight),现在需要

把它分成两个部分,最小割就是让上式的值最小,中间的黑色虚线切割的边就是最小化分割,如图 4-17(b)所示。

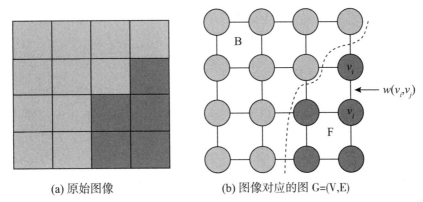

(a) 原始图像   (b) 图像对应的图 G=(V,E)

图 4-17　从图像计算图的过程

　　最小化分割解决了把权重图 G 分成两部分的任务,同时引入了新的问题:如图 4-18 中,理想的切割结果是图中的中间实线,但是 min-cut 却切掉了最边缘的角。这是因为 min-cut 目的是使 cut(A,B)的值最小,而边缘处 cut 值确实是最小,因此最小化切割时会有偏差。

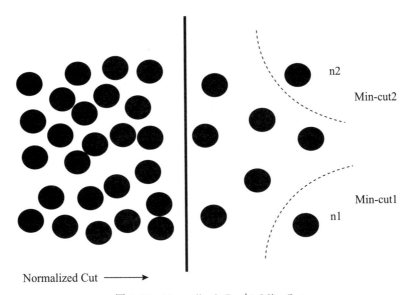

图 4-18　Normalized Cut 与 Min-Cut

　　Normalized Cut 的提出旨在解决上述问题,其设计思路可描述为把分割 normalize 处理一下,除以表现顶点集大小的某种量度(如 vol AA 代表所有 A 中顶点集的度之和),也就是:

$$Normalize \quad Cut = \frac{cut(A,B)}{volA} + \frac{cut(A,B)}{volB} \tag{4-17}$$

通过公式可以清晰地看到 Normalize Cut 在追求不同子集间点的权重最小值的同时也在追求同一子集间点的权重和最大值。

4.5.2 Graph Cuts

Graph Cuts 是一种非常有用和流行的能量优化算法,在计算机视觉领域普遍应用于前背景分割(Image segmentation)、立体视觉(Stereo vision)、抠图(Imagematting)等。Graph Cut 有两个关键步骤,其一是构造网络图(图 4-19)。首先用一个无向图 $G=<V,E>$ 表示要分割的图像,V 和 E 分别是顶点和边的集合。而 Graph Cuts 图是在普通图的基础上多了 2 个终端顶点 S 和 T,其他所有的顶点都必须和这 2 个顶点相连形成边集合中的一部分。Graph Cuts 中存在两种顶点和边。

(1)第一种顶点和边是用普通顶点对应于图像中的每个像素。每两个邻域顶点(对应于图像中每两个邻域像素)的连接就是一条边。这种边也叫 n-links。

(2)第二种顶点和边是指除图像像素外的两个终端顶点 S 和 T,每个普通顶点和这 2 个终端顶点之间都有连接,组成第二种边。这种边也叫 t-links。

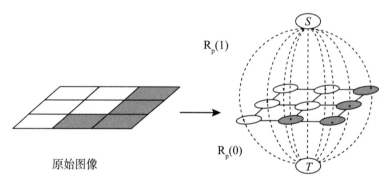

图 4-19　图模型建立

图中实线的边表示每两个邻域普通顶点连接的边 n-links,虚线的边表示每个普通顶点与 S 和 T 连接的边 t-links。在前后景分割中,S 一般表示前景目标,T 一般表示背景。

Graph Cuts 的另一个关键点是能量函数的构造,用每一个割对应一个能量函数的值,当割处在前景和背景之间时,能量函数达到最优值图(4—20)。这样对图像的分割问题转化为了利用图论对能量函数进行优化的问题。能量函数由区域项(regional term)和边界项(boundary term)构成,表示如下:

$$E(A) = \lambda \cdot R(A) + B(A) \tag{4-18}$$

式中 $R(A)$ 是先验惩罚项,$B(A)$ 是区域相似度惩罚项,λ 是平衡因子。

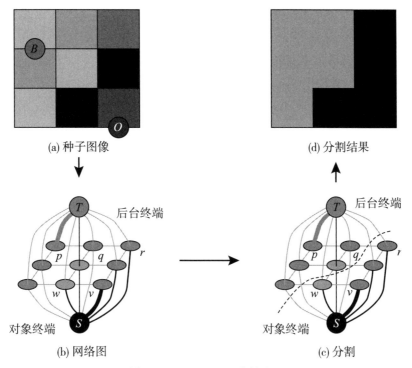

(a) 种子图像

(d) 分割结果

(b) 网络图

(c) 分割

图 4-20　Graph Cuts 分割过程

Graph Cuts 中的 Cuts 是指这样一个边的集合,该集合中所有边的断开会导致残留 S 和 T 图的分开,所以就称为"割"。如果一个割,它的边的所有权值之和最小,就称为最小割,也就是图割的结果。

Graph Cuts 的缺陷包括:算法只适用于灰度图;需要人工标注至少一个前景点和一个背景点;分割结果为硬分割,未考虑边缘介于 0 到 1 之间的透明度。

4.5.3　Grab Cut

Graph Cuts 算法利用了图像的像素灰度信息和区域边界信息,代价函数构建在全局最优的框架下,保证了分割效果。但 Graph Cuts 是 NP 难问题,且分割结果更倾向于具有相同的类内相似度。2004 年 Rother 等人提出了基于迭代的图割方法,即 Grab Cut 算法,该算法使用高斯混合模型对目标和背景建模,利用了图像的 RGB 色彩信息和边界信息,通过少量的用户交互操作得到非常好的分割效果。Grab Cut 算法的实现步骤如下。

(1)在图片中定义(一个或者多个)包含物体的矩形。

(2)矩形外的区域被自动认为是背景。

(3)对于用户定义的矩形区域,可用背景中的数据来区分内部的前景和背景区域。

（4）用高斯混合模型（GMM）来对背景和前景建模，并将未定义的像素标记为可能的前景或者背景。

（5）图像中的每一个像素都被看做通过虚拟边与周围像素相连接，而每条边基于它与周边像素颜色上的相似性，都有一个属于前景或者背景的概率。

（6）每一个像素（即算法中的节点）会与一个前景或背景节点连接。

（7）在节点完成连接后（可能与背景或前景连接），若节点之间的边属于不同终端（即一个节点属于前景，另一个节点属于背景），则会切断它们之间的边，将图像各部分分割出来。如图4-21所示。

对比Grab Cut与Graph Cuts，不同之处体现在以下几个方面。

（1）Graph Cuts的目标和背景的模型是灰度直方图，Grab Cut取代为RGB三通道的混合高斯模型GMM。

（2）Graph Cuts的能量最小化（分割）是一次达到的，而Grab Cut取代为一个不断进行分割估计和模型参数学习的交互迭代过程。

（3）Graph Cuts需要用户指定目标和背景的一些种子点，但是Grab Cut只需要提供背景区域的像素集就可以了。也就是说只需要框选目标，那么在方框外的像素全部当成背景，这时候就可以对GMM进行建模和完成良好的分割了。即Grab Cut允许不完全的标注（incomplete labelling）。

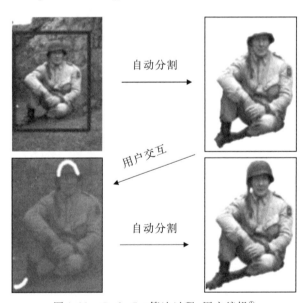

图4-21　Grab Cut算法过程-用户编辑[1]

① Rother C, Kolmogorov V, Blake A. "GrabCut" interactive foreground extraction using iterated graph cuts[J]. ACM transactions on graphics (TOG), 2004, 23(3): 309~314

(4)由于 Grab Cut 是按颜色分布和边缘对比度来分割图片的,对一些常见的与此原则相悖的图片,效果可能不理想,比如前景人物的帽子、鞋、墨镜,通常颜色跟前景主体有较大区别;再如前景中的孔,有可能由于颜色区分和边缘的对比度不足,导致边缘的惩罚占上风,而没有扣出来背景。所以,Grab Cut 还是保留了人工修正的操作,定义了两种标记:绝对是背景和可能是前景。对分割错误人工修正后,分割精度得到了进一步提高。对自然场景图片的分割,比 Bayes matte 等方法得到的边缘更加柔和。

4.6 基于深度学习的分割方法

前面章节中提到的聚类方法可以将图像分割成大小均匀、紧凑度合适的超像素块,为后续的处理任务提供基础,但在实际场景的图片中,一些物体的结构比较复杂,内部差异性较大,仅利用像素点的颜色、亮度、纹理等较低层次的内容信息不足以生成好的分割效果,容易产生错误的分割。因此需要更多地结合图像提供的中高层内容信息辅助图像分割。

深度学习技术出现以后,在图像分类任务取得了很大的成功,尤其是对高级语义信息的提取能力,很大程度上解决了传统图像分割方法中语义信息缺失的问题。

4.6.1 基于上采样/反卷积的分割方法

卷积神经网络在进行采样的时候会丢失部分细节信息,这样的目的是得到更具价值的特征。但是这个过程是不可逆的,有的时候会导致后面进行操作时图像的分辨率太低,出现细节丢失等问题。因此一些方法通过上采样在一定程度上补全部分丢失的信息,从而得到更加准确的分割边界。

4.6.1.1 FCN

2014 年 Long[①]等人提出的 Fully Convolutional Networks(FCN)方法是深度学习在图像分割领域的开山之作,作者针对图像分割问题设计了一种针对任意大小的输入图像,训练端到端的全卷积网络框架,实现逐像素分类,奠定了使用深度网络解决图像语义分割问题的基础框架。

在传统 CNN 网络中,卷积之后会接上若干个全连接层,将卷积层产生的特征图(feature map)映射成为一个固定长度的特征向量,因此 CNN 结构适用于图像级别的分类和回归任务,最后都期望得到输入图像的分类的概率。与经典的 CNN 在卷积层之后使用全连接层得到固定长度的特征向量进行分类不同,FCN 可以接受任意尺寸

---

① Long J., Shelhamer E., Darrell T. Fully convolutional networks for semantic segmentation[C]. Piscataway, NJ:IEEE, Proceedings of the IEEE conference on computer vision and pattern recognition, June 8–10,2015.

的输入图像,采用反卷积层对最后一个卷积层的feature map进行上采样,使它恢复到输入图像相同的尺寸,从而可以对每个像素都产生了一个预测,同时保留了原始输入图像中的空间信息,最后在上采样的特征图上进行逐像素分类,从而实现了语义级别的图像分割。为了克服卷积网络最后输出层缺少空间位置信息这一不足,作者提出通过双线性插值上采样和组合中间层输出的特征图,将粗糙(coarse)分割结果转换为密集(dense)分割结果。图4-22是作者提出的全卷积网络(FCN)的结构示意图。

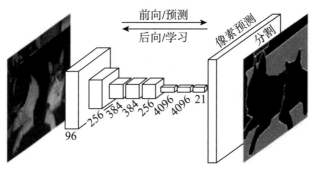

图4-22　FCN网络结构

FCN的主要操作包含以下几种。

1. 卷积化(convolutional)

FCN将传统CNN中的全连接层替换成一个个的卷积层。如图4-23所示,在传统的CNN结构中,前5层是卷积层,第6层和第7层分别是一个长度为4096的一维向量,第8层是长度为1000的一维向量,分别对应1000个类别的概率。FCN将这3层表示为卷积层,卷积核的大小(通道数,宽,高)分别为(4096,1,1)、(4096,1,1)、(1000,1,1)。所有的层都是卷积层,故称为全卷积网络。

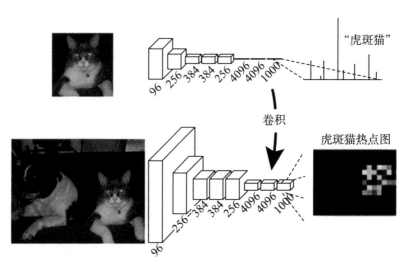

图4-23　全卷积

2. 上采样

在池化过程中,下采样会使图片不断缩小,例如经过5次卷积和池化以后,图像的分辨率依次缩小了 2,4,8,16,32 倍,这使得图片中的像素点不能恢复到原图,给像素级别的训练带来困扰,因此需要对特征图进行上采样(upsample)。对于最后一层的输出图像,需要进行32倍的上采样才能得到原图一样的大小,而FCN采用的上采样的方法就是反卷积(Deconvolution)(图4-24)。

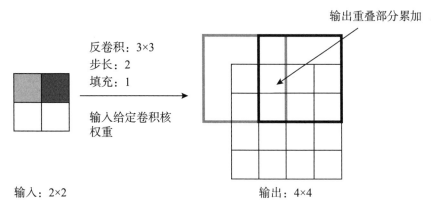

图4-24 反卷积

3. 跳跃层

分类网络通常会通过设置步长的方式逐渐减小每层的空间尺寸,这种方式可以同时实现计算量的缩小和信息的浓缩。尽管这种操作对于分类任务是很有效的,但是对于分割这样需要稠密估计的任务而言,这种浓缩未必是好事。

如果将全卷积之后的结果直接上采样得到的结果是很粗糙的,为了优化结果,FCN引入了跳跃层(skip layer),将不同池化层的结果通过进行上采样之后优化输出。例如对第5层的输出(32倍放大)反卷积到原图大小,但得到的结果还是不够精确,一些细节无法恢复,于是作者将第4层的输出和第3层的输出也依次反卷积,分别进行16倍和8倍上采样,将不同全局步长下的层之间进行连接,结果也就更精细一些。具体网络结构如图4-25所示。

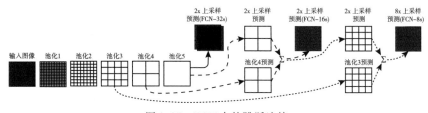

图4-25 FCN中的跳跃连接

与传统用CNN进行图像分割的方法相比,FCN有两大明显的优点:一是可以接受任意大小的输入图像,而不用要求所有的训练图像和测试图像具有同样的尺寸。

二是避免了由于使用像素块而带来的重复存储和计算卷积的问题,效率更高。

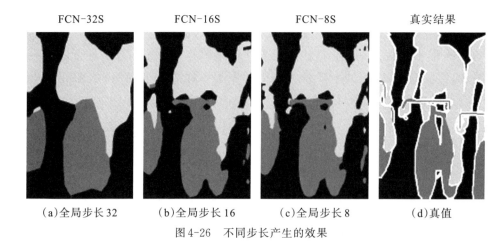

FCN-32S   FCN-16S   FCN-8S   真实结果

(a)全局步长 32   (b)全局步长 16   (c)全局步长 8   (d)真值

图 4-26   不同步长产生的效果

FCN 的缺点也比较明显:一是得到的结果还是不够精细。进行 8 倍上采样虽然比 32 倍的效果好了很多,但是上采样的结果还是比较模糊和平滑,对图像中的细节不敏感。二是对各个像素进行分类,没有充分考虑像素与像素之间的关系,忽略了在通常的基于像素分类的分割方法中使用的空间规整(spatial regularization)步骤,缺乏空间一致性。

4.6.1.2 SegNet

SegNet[①]是 Cambridge 于 2016 年提出旨在解决自动驾驶或者智能机器人的图像语义分割深度网络。SegNet 基于 FCN,与 FCN 的思路十分相似,只是其编码-解码器与 FCN 稍有不同,其解码器中使用去池化对特征图进行上采样以保持高频细节的完整性;而编码器不使用全连接层,因此是拥有较少参数的轻量级网络,其网络结构如图 4-27 所示。

卷积 编码器-解码器

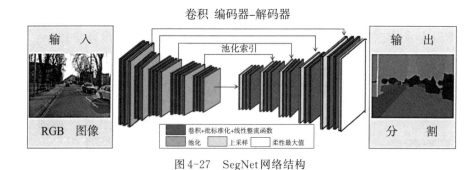

图 4-27   SegNet 网络结构

---

① Badrinarayanan V., Kendall A., Cipolla R. Segnet. A deep convolutional encoder-decoder architecture for image segmentation[J]. IEEE transactions on pattern analysis and machine intelligence, 2017, 39(12): 2481-2495.

FCN通过上卷积层和一些跳跃连接产生了粗糙的分割图,Segnet为了提升效果而引入了更多的跳跃连接。此外FCN网络仅仅复制了编码器特征,而Segnet网络复制了最大池化指数,将最大池化指数转移至解码器中,改善了分割分辨率;在内存使用上,SegNet比FCN更为高效。

SetNet可以保存高频部分的完整性,使得网络不笨重、参数少,较为轻便,但对于分类的边界位置置信度较低,对于难以分辨的类别,例如人与自行车,两者如果有相互重叠,会增加不确定性。

4.6.2 基于提高特征分辨率的分割方法

本节主要介绍基于提升特征分辨率的图像分割的方法,也可以说是恢复在深度卷积神经网络中下降的分辨率,从而获取更多的上下文信息。其中最有代表性的是Google提出的DeepLab系列。

DeepLab是结合了深度卷积神经网络和概率图模型的方法,应用在语义分割的任务上,目的是做逐像素分类,其先进性体现在DenseCRFs(概率图模型)和DCNN的结合。将每个像素视为CRF(条件随机场)节点,利用远程依赖关系并使用CRF推理直接优化DCNN的损失函数。

在图像分割领域,FCN的一个众所周知的操作是平滑后填充,即先进行卷积再进行池化,这样在降低图像尺寸的同时增大感受野,但是在先减小图片尺寸(卷积)再增大尺寸(上采样)的过程会造成一定信息损失,DeepLab的提出旨在解决这类问题。

4.6.2.1 DeepLab-V1

在之前的语义分割网络中,分割结果往往比较粗糙,原因主要有两个,一是因为池化导致丢失信息,二是没有利用标签之间的概率关系,针对这两点,DeepLab-V1[①](2014)提出了针对性的改进。首先使用空洞卷积,避免池化带来的信息损失,然后使用CRF,进一步优化分割精度。

DeepLab-V1基于FCN框架,首先使用双线性插值法对FCN的输出结果上采样得到粗糙分割结果,以该结果图中每个像素为一个节点构造CRF模型提高模型捕获细节的能力。此外在末端增加了fully connected CRFs,这使得分割更精确。

DeepLab-V1框架基于VGG-16,并作了以下修改:将VGG-16的全连接层转为卷积;最后的两个最大池化层去掉了下采样;后续卷积层的卷积核改为了空洞卷积。

DeepLab-V1流程如图4-28所示。

---

① Chen L C, Papandreou G, Kokkinos I, et al. Semantic image segmentation with deep convolutional nets and fully connected crfs[J]. arXiv preprint arXiv:1412.7062, 2014

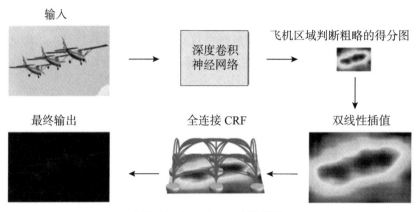

图 4-28 DeepLab-V1 流程图

DeepLab 的一大亮点就是使用了 Dilated Convolution——用带有空洞的卷积核进行采样。该系列的网络使用空洞卷积扩大了卷积核感受野,使每个卷积输出都包含了较大范围的信息,避免了 DCNN 中重复最大池化和下采样带来的分辨率下降问题。通过使用不同采样率的空洞卷积,可以明确控制网络的感受野。

图 4-29(a)对应 3×3 的 1-dilated conv,它和普通的卷积操作是相同的;图 4-29(b)对应 3×3 的 2-dilated conv,实际卷积核的尺寸还是 3×3(黑点),但是空洞为 1,其感受野能够达到 7×7;图 4-29(c)对应 3×3 的 4-dilated conv,其感受野已经达到了 15×15。

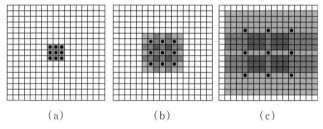

图 4-29 不同采样率的空洞卷积

空洞卷积在增大感受野的同时,没有增加参数的数量,而且 VGG 中提出的多个小卷积核代替大卷积核的方法,只能使感受野线性增长,而多个空洞卷积串联,可以实现指数增长。

4.6.2.2 DeepLab-V2

DeepLab-V2[1](2016)在 DeepLab-V1 基础上进行优化,针对图像中存在多尺度的

---

[1] Chen L C, Papandreou G, Kokkinos I, et al. Deeplab: Semantic image segmentation with deep convolutional nets, atrous convolution, and fully connected crfs[J]. IEEE transactions on pattern analysis and machine intelligence, 2017, 40 (4): 834-848

同一对象问题,模型提出了 ASPP(Atrous Spatial Pyramid Pooling)模块,在给定的输入上用多个不同采样率的空洞卷积并行采样,相当于以多个比例捕捉图像的上下文;同时由于 VGG-16 表达能力有限,模型将网络框架替换为表达能力更强的 ResNet-101,增加了模型的拟合能力。

ASPP 的引入是最大也是最重要的改变。多尺度主要是为了解决目标在图像中表现为不同大小时仍能够有很好的分割结果,比如同样的物体,在近处拍摄时物体显得大,远处拍摄时显得小。具体做法是并行采用多个采样率的空洞卷积提取特征,再将特征融合,类似于空间金字塔结构,因此形象地称为 Atrous Spatial Pyramid Pooling。如图 4-30 所示。

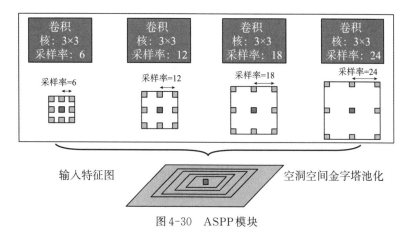

图 4-30　ASPP 模块

因为相同的事物在同一张图或不同图像中存在尺度上的差异,ASPP 就是利用空洞卷积的优势,从不同的尺度上提取特征。以图 4-31 为例,图中的树存在多种尺寸,使用 ASPP 就能更好地对这些树进行分类。

图 4-31　不同尺度目标检测

4.6.2.3 DeepLab-V3

相比 DeepLab-V2,DeepLab-V3[①](2017)的改进主要包括以下几方面。

(1)对 ResNet 网络进行了改进,以串行方式设计了 atrous convolution 模块,复制 ResNet 的最后一个块,如图 4-32 中的块 4,并将复制后的块以串行方式级联,不同之处在于分别使用不同扩张率的空洞卷积,通过使用级联结构使得在更深的块中捕获远程信息变得容易。

(2)改进 ASPP 模块,采用四个并行且采样率不同的空洞卷积处理特征图,可以更好地捕捉多尺度上下文。

(3)去掉 CRF。

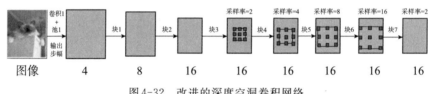

图 4-32 改进的深度空洞卷积网络

改进后的 ASPP 模块如图 4-33 所示,首先将模块改为并行结构,去掉了原本最大扩张率最大的分支,加入了 1×1 的卷积分支。另外为了获取全局信息,加入了 image pooling 分支,具体操作为将 block4 的特征图做全局池化,并使用双线性插值调整到与其他分支相同尺寸。每个分支后端加入了 BN 层进行归一化,最后将五个分支的特征图进行连接,使用 1×1 的卷积调整通道输出。

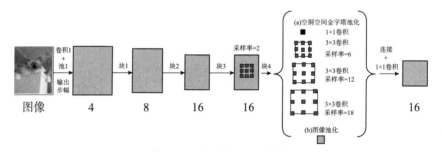

图 4-33 改进的 ASPP 模块

① Chen L C, Papandreou G, Schroff F, et al. Rethinking atrous convolution for semantic image segmentation[J]. arXiv preprint arXiv:1706.05587, 2017.

4.6.2.4 DeepLab–V3+

为了提高分割结果的分辨率,DeepLab–V3+[①](2018)加入了新的解码模块,使用一个简单的解码器从编码器较浅层选一个特征图,并用1×1的卷积对通道进行压缩,目的是减小浅层的特征比重,因为编码器所提取的特征有更高层的语义。将编码器结果进行上采样恢复到与此特征图尺寸相同后进行连接,再通过3×3的卷积与上采样将图片恢复到原尺寸,最终得到像素级的分割结果。另一方面,尝试使用改进的xception模块作为网络的骨架,以减少参数量。网络框架的改进主要包括:①采用深度可分离卷积来替换所有的最大池化操作,以利用深度可分离卷积来提取任意分辨率的特征图;②在每个3×3深度卷积后,添加BN和ReLU。其网络结构如图4-34所示。

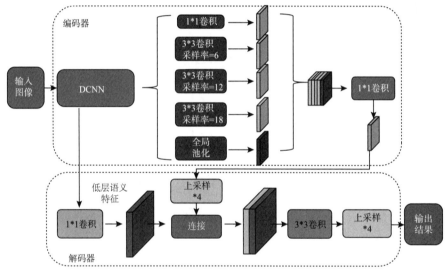

图4-34 DeepLab–V3+网络结构

4.6.3 基于RNN的图像分割

Recurrent neural networks(RNNs)是由Long-Short-Term Memory(LSTM)块组成的网络,除了在手写和语音识别上表现出色外,RNN来自序列数据的长期学习能力以及随着序列保存记忆能力使其在许多计算机视觉的任务中游刃有余,其中也包括语义分割以及数据标注的任务。在本节中我们介绍RNN在图像处理上的一些应用。

---

① Chen L. C., Zhu Y., Papandreou G. ,et. al. DeepLab: Semantic Image Segmentation with Deep Convolutional Nets, Atrous Convolution, and Fully Connected CRFs[C]. Berlin,German:Springer, Proceedings of the European conference on computer vision (ECCV), September 8–14,2018.

4.6.3.1 ReSeg 模型

尽管基于 FCN 的方法取得了不俗的效果,但分割时仍存在一个重大的不足:没有考虑到局部或者全局的上下文依赖关系,而在语义分割中这种依赖关系是非常有用的。所以 ReSeg[1] 的作者大胆地设想,在 ReSeg 使用 RNN 去检索上下文信息,以此作为分割的一部分依据。

ReSeg 是基于图像分割模型 ReNet 提出的,如图 4-35 所示,ReNet 由两层顺序排列的 RNN 构成。在给定输入图像(或前层)特征后,ReNet 对展开结果分别按列、按行扫描。每个扫描过程由两个相反方向的 RNN 运算单元实现。具体公式如下:

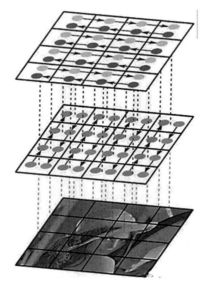

图 4-35　ReNet 运算示意图

$$O_{i,j}^{\downarrow} = f^{\downarrow}(z_{i-1,j}^{\downarrow}, p_{i,j}), \text{ for } i = 1, \cdots\cdots, I, \tag{4-19}$$

$$O_{i,j}^{\uparrow} = f^{\uparrow}(z_{i+1,j}^{\uparrow}, p_{i,j}), \text{ for } i = I, \cdots\cdots, 1. \tag{4-20}$$

其中,f 代表 RNN,I 为图像子块行数(图像被分割成 $I \times J$ 块),O 是结果,z 为之前的状态,p 为子图块内的像素点。

给定输入图像后,ReSeg 首先用预训练好的 VGG-16 提取图像的特征,随后开始应用基于 SeNet 的网络结构进行分割任务。

从图 4-36 可以看出,ReSeg 应用了 3 次串联的完整 ReNet 模块,在这个过程中空间分辨率逐渐减小,目的是将 VGG-16 提取的特征进行进一步的处理,从而得到对输

① Visin F., Ciccone M., Romero A., et. al. Reseg: A recurrent neural network-based model for semantic segmentation[C]. Piscataway, NJ: IEEE, Proceedings of the IEEE Conference on Computer Vision and Pattern Recognition Workshops, June26-July1,2016.

入图像更复杂的特征描述;特征提取结束后,特征图对输入图像的空间分辨率下降为1/8,因此需要恢复空间分辨率以得到稠密的分割结果。因此,在所有ReNet模块结束后,ReSeg应用了若干层由反卷积组成的上采样层,将特征图的空间分辨率恢复成原始输入图像的空间分辨率;最后应用softmax实现分割。

ReSeg网络充分考虑了上下文信息关系,但由于使用了中值频率平衡,它通过类的中位数(在训练集上计算)和每个类的频率之间的比值来重新加权类的预测,就增加了低频率类的分数,被低估的类的概率被高估了,因此可能导致在输出分割掩码中错误分类的像素增加。

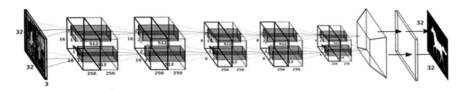

图4-36 ReSeg网络结构

4.6.3.2 MDRNNs

标准的RNN模型由于加入递归连接,可以利用上下文信息对时间维度上的扭曲具有鲁棒性,在一维序列学习问题上有着很好的表现,但是在多维问题中应用却并不到位。MDRNNs在一定程度上将RNN拓展到多维空间领域,使之在图像处理、视频处理等领域上也具有良好表现。

MDRNNs的基本思想是将单个递归连接替换为多个递归连接,即接受每个维度上的前一位置的隐层输出作为输入。比如对于二维RNN,也就是图像,每个位置的隐层不仅接受横向维度的上一个位置的隐层输出,也接受纵向维度的上一个位置的隐层输出。如图4-37所示。这种改变可以在一定程度上解决时间随数据样本的增加呈指数增长的问题。

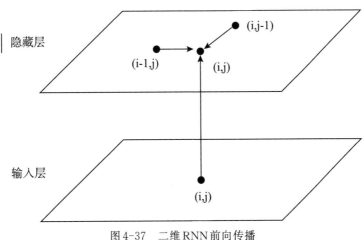

图4-37 二维RNN前向传播

此外,在MDRNNs模型中,所有讨论的序列不再只是一维,有可能是二维(图像)、三维(视频),甚至是更高维,因此在多维序列中,如何一次性将序列中的样本点放入网络进行计算是一个重要的问题;当考虑标准的RNN时,由于是一维也就是时间序列,按照时间的顺序可以依次计算每个序列中的样本点,而在多维序列中,只需要注意每个样本点在每个维度上的前一个样本点都已经被计算了即可,这样才能保证接受来自各个维度的上个位置的隐层输出作为输入。

MDRNNs的前向传播算法如下:

> **for** $x_1 = 0$ **to** $X_1 - 1$ **do**
>> **for** $x_2 = 0$ **to** $X_2 - 1$ **do**
>>> ...
>>>> **for** $x_n = 0$ **to** $X_n - 1$ **do**
>>>>> initialize $a \leftarrow \sum_j inx\ jw_{kj}$
>>>>> **for** $i = 1$ **to** n **do**
>>>>>> **if** $x_i > 0$ **then**
>>>>>>> $a \leftarrow a + \sum_j h(x_1, \cdots, x_{i+1}, \cdots, x_n)\ j\ w_{kj}$
>>>>> $hx\ k \leftarrow \tanh(a)$

MDRNNs的后向传播算法如下:

> **for** $x1 = X1 - 1$ **to** 0 **do**
>> **for** $x2 = X2 - 1$ **to** 0 **do**
>>> ...
>>>> **for** $x_n = X_n - 1$ **to** 0 **do**
>>>>> initialize $e \leftarrow \sum ox\ jw_{kj}$
>>>>> **for** $i = 1$ **to** n **do**
>>>>>> **if** $x_i < X_i - 1$ **then**
>>>>>>> $e \leftarrow e + \sum_j h(x_1, \cdots, x_{i+1}, \cdots, x_n)\ j\ w_{jk}$
>>>>> $hx\ k \leftarrow \tanh'(e)$

4.6.4 基于特征增强的分割方法

目前大多数的场景分割模型是基于FCN的架构,旨在像素级别进行预测,但是FCN在场景之间的关系和全局信息的处理能力存在诸多问题,例如上下文推断能力不强,标签之间的关系处理不好,模型可能会忽略小的东西。

针对上述问题,PSPNet[①]提出了一个具有层次全局优先级、包含不同子区域时间的不同尺度信息的模块,称之为金字塔池化模块。该模块融合了4种不同金字塔尺度的特征,第一行是最粗糙的特征:全局池化生成单个bin输出,后面三行是不同尺度的池化特征。金字塔池化模块中不同级别的输出包含不同大小的特征映射,为了保证全局特征的权重,如果金字塔共有N个级别,则在每个级别后使用1×1的卷积将对应级别通道降为原本的$1/N$;然后通过双线性插值直接对低维特征图进行上采样,得到与原始特征映射相同尺寸的特征图;最后,将不同级别的特征融合起来,作为最终的金字塔池化全局特性。

如图4-38所示,实验中分别用了1×1、2×2、3×3和6×6四个尺寸的卷积核提取不同尺度的特征,然后用1×1的卷积层计算每个金字塔层的权重,再通过双线性恢复成原始尺寸,最终得到的特征尺寸是原始图像的$1/8$。最后通过卷积将池化得到的所有上下文信息整合,生成最终的分割结果。

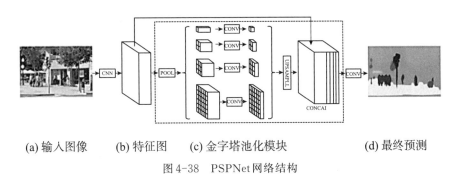

(a) 输入图像   (b) 特征图   (c) 金字塔池化模块   (d) 最终预测

图4-38 PSPNet网络结构

为什么要用金字塔结构提取特征?对于分割任务而言,上下文信息对于分割效果具有明显影响。通常来讲,判断一个东西的类别时,除了直接观察外观,有时需要辅助其出现的环境。比如汽车通常出现在道路上、船通常在水面、飞机通常在天上等。忽略这些环境因素直接做判断,就会造成歧义。如在图4-39中,FCN错误地将水面上的船判断为汽车。

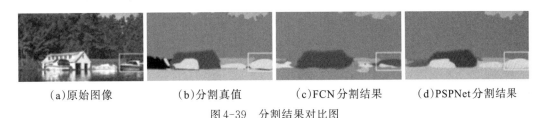

(a)原始图像   (b)分割真值   (c)FCN分割结果   (d)PSPNet分割结果

图4-39 分割结果对比图

① Zhao H., Shi J., Qi X., et. al. Pyramid scene parsing network[C]. Piscataway, NJ: IEEE, Proceedings of the IEEE conference on computer vision and pattern recognition, July 21-26,2017.

除此之外,由于金字塔结构并行考虑了多个感受野下的目标特征,从而对于尺寸较大或尺寸过小的目标有更好的识别效果。如图4-40所示。

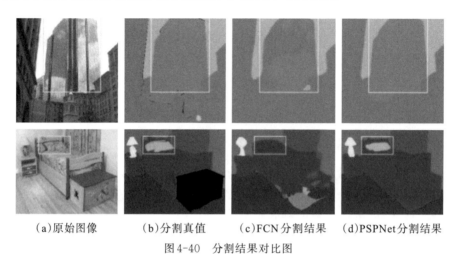

(a)原始图像　　　(b)分割真值　　　(c)FCN分割结果　　(d)PSPNet分割结果

图4-40　分割结果对比图

4.6.5　使用CRF/MRF的方法

马尔可夫模型是指一组事件的集合,在这个集合中,事件逐个发生,并且下一刻事件的发生只由当前事件决定,而与之前的状态没有关系。而马尔可夫随机场(MRF),就是具有马尔可夫模型特性的随机场,场中任何区域都只与其临近区域相关,与其他地方的区域无关,这些区域里元素(图像中可以是像素)的集合就是一个马尔可夫随机场。

条件随机场(CRF),是一种特殊的马尔可夫随机场:给定了一组输入随机变量 X 的条件下另一组输出随机变量 Y。它的特点是假设输出随机变量构成马尔可夫随机场,可以看作是最大熵马尔可夫模型在标注问题上的推广。在图像分割领域,运用CRF比较出名的一个模型就是全连接条件随机场(DenseCRF)。

对于每个像素 i 具有类别标签 x_i 还有对应的观测值 y_i,将每个像素点作为节点,像素与像素间的关系作为边,即构成了一个条件随机场。通过观测变量 y_i 来推测像素 i 对应的类别标签 x_i 即实现了分割。如图4-41所示。

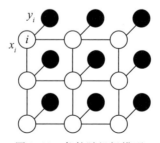

图4-41　条件随机场模型

常规的 CRF 在运行中只对相邻节点进行操作,这样会损失一些上下文信息,而 DenseCRF 是对所有节点进行操作,这样就能获取尽可能多的临近点信息,从而获得更加精准的分割结果。DenseCRF 的能量函数定义如式(4-21)所示:

$$E(X) = \sum_{i} \psi_u(x_i) \sum_{i<j} \psi_p(x_i, y_j). \tag{4-21}$$

其中,$\sum_{i} \psi_u(x_i)$ 为一元势能,来自于前端 FCN 的输出;$\sum_{i<j} \psi_p(x_i, y_j)$ 为二元势能,表示各节点之间的关系,具体展开如式(4-22)所示:

$$\psi_p(x_i, y_j) = \mu(x_i, x_j) \sum_{m=1}^{K} \omega^{(m)} k^{(m)}(f_i, f_j). \tag{4-22}$$

其中,$\mu(x_i, x_j)$ 被称作 Label Compatibility 项,其作用简单来说就是约束了"力"传导的条件,只有相同 label 条件下,能量才可以相互传导。例如一个像素可能是飞机的能量可以和另一个像素可能是飞机的能量相互传导,从而增加或者减少后者可能是飞机的能量,进一步影响该像素可能判断为飞机的概率,而一个像素可能是飞机的能量是不能影响另一个像素是人的概率。$k^{(m)}(f_i, f_j)$ 是特征函数,公式表示如式(4-23)所示:

$$k^{(m)}(f_i, f_j) = \omega^{(1)} \exp\left(-\frac{|p_i - p_j|^2}{2\theta_\alpha^2} - \frac{|I_i - I_j|^2}{2\theta_\beta^2}\right) + \omega^{(2)} \exp\left(-\frac{|p_i - p_j|^2}{2\theta_\gamma^2}\right). \tag{4-23}$$

式(4-23)以特征的形式表示了不同像素之前的"亲密度",第一项被称作表面核,第二项被称作平滑核。

该模型的一元势能包含了图像的形状,纹理,颜色和位置,二元势能使用了对比度敏感的双核势能,CRF 的二元势函数一般是描述像素点与像素点之间的关系,鼓励相似像素分配相同的标签,而相差较大的像素分配不同标签,而这个距离的定义与颜色值和实际相对距离有关,这样 CRF 能够使图像尽量在边界处分割。DenseCRF 模型的不同在于其二元势函数描述的是每一个像素与其他所有像素的关系,使用该模型在图像中的所有像素对上建立点对势能从而实现极大地细化和分割。

图 4-42 给出了全连接 CRF 的像素级分类结果对比。其中,(d)全连接 CRF,MCMC 推理方法运行 36 小时运行,(e)中方法运行 0.2s。从结果来看,DenseCRF[①]对于精细部位的分割非常优秀,也充分考虑了像素点或者图片区域之间的上下文关系,但在粗略的分割中可能会消耗不必要的算力。除此之外 DenseCRF 可以用来恢复细致的局部结构,但是相应地需要较高的代价。

① Krähenbühl P., Koltun V. Efficient Inference in Fully Connected CRFs with Gaussian Edge Potentials[C]. Cambridge, Massachusetts:MITPress, Advances in neural information processing systems,December 12–17,2011.

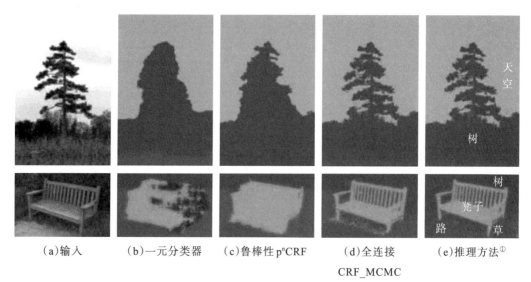

(a)输入　　(b)一元分类器　　(c)鲁棒性 p^nCRF　　(d)全连接　　(e)推理方法[①]

CRF_MCMC

图4-42　全连接CRF的像素级分类结果对比

习　题

1. 聚类算法中,常用的计算顶点相似度的度量方法有哪几种?

2. 边缘检测按照处理的技术可以分为哪几类? 不同之处是什么?

3. 如何描述种子区域生长和区域分裂合并之间的关系? 各自算法流程是什么?

4. 基于图论的分割方法如何将图像映射成图?

5. 基于深度学习的分割方法与传统风格方法相比有什么优点?

6. FCN中采用什么方法进行上采样? 为什么要引入跳跃层?

7. 请描述普通卷积、采样率为1的空洞卷积、采样率为2的空洞卷积、采样率为3
的空洞卷积之间的不同,并总结说明使用空洞卷积的优势。

8. 与FCN类方法相比,使用RNN的分割方法优势体现在什么地方?

① Krähenbühl P., Koltun V. Efficient Inference in Fully Connected CRFs with Gaussian Edge Potentials[C]. Cambridge, Massachusetts:MITPress, Advances in neural information processing systems,December 12-17,2011.

第5章　目标检测

5.1 概　述

目标检测是计算机视觉的经典问题之一,主要任务是标定图像中目标的位置,并给出目标的类别。从传统的人工设计特征加浅层分类器的框架,到基于深度学习的端到端检测框架,目标检测逐渐走向成熟。

近二十年间,自然图像的目标检测算法大体上可以分为基于传统手工特征时期(2013年之前)和基于深度学习的目标检测时期(2013年至今)。从技术发展上来讲,目标检测的发展则分别经历了"边界框(Bounding Box)回归"、"深度神经网络兴起"、"多参考窗口(Multi-References,又称 Anchors)"以及"难样本挖掘与聚焦"几个里程碑式的技术进步。其流程如图5-1所示。

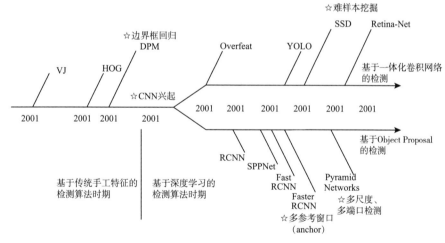

图5-1　目标检测发展流程

5.2　基于经典手工特征的目标检测算法

早期的目标检测算法大多是基于手工特征构建。由于在深度学习诞生之前缺乏有效的图像特征表达方法,人们不得不尽其所能设计更加多元化的检测算法,以弥补手工特征表达能力上的缺陷。同时,由于计算资源的缺乏,人们不得不同时寻找更加精巧的计算方法对模型进行加速。

在此时期,大多数基于经典手工特征的目标检测算法都遵循两阶段流程:第一阶段使用滑动窗口寻找目标,第二阶段使用模板匹配或者其改进方法对滑窗选中的区域进行判断。研究人员的主要工作集中在三个方面:检测窗口选择、特征设计和分类器设计。

5.2.1 滑动窗口与模板匹配检测法

模板匹配是一种最原始、最基本的模式识别方法,用来研究某一特定对象的图案位于图像的位置,进而识别对象。它是图像处理中最基本、最常用的方法。模板匹配具有自身的局限性,主要表现在它只能进行平行移动,若原图像中的匹配目标发生旋转或大小变化,该算法就会失效。

模板就是一副已知的小图像,即目标检测中的目标,而模板匹配就是在一副大图像中搜寻目标,已知该图中有要找的目标,且该目标同模板有相同的尺寸、方向和图像元素(即原图中需要完全包含模板),通过一定的算法可以在图中找到目标,确定其坐标位置。此处的算法通常指滑动窗口算法,将模板置于图像左上角,逐像素滑动,每滑动一次与原图像相应区域进行一次匹配,直至遍历整幅图片。在此期间若所有值相等,则可以认为目标在该处出现。如图5-2所示。

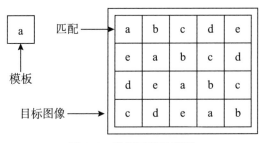

图5-2 模板匹配示意图

5.2.2 选择性搜索

选择性搜索(Selective Search)[1]由 J.R.R. Uijlings 等人提出,是综合了蛮力搜索(exhaustive search)和分割(segmentation)的方法,找出可能的目标位置以进行物体的识别。与传统的单一策略相比,选择性搜索提供了多种策略,并且与蛮力搜索相比,大幅度降低搜索空间,可以较好地与识别算法相结合。

选择性搜索是用于目标的候选区域检测算法,计算速度快,具有很高的召回率,

---

[1] Uijlings J. R. R., Van De Sande K. E. A., Gevers T., et. al. Selective search for object recognition[J]. Netherlands: Kluwer Academic Publishers, International journal of computer vision, 2013, 104(2):154-171.

考虑颜色、纹理、大小和形状兼容计算相似区域的分层分组。主要有三个优势：多尺度（Capture All Scales）、多元化（Diversification）、快速计算（Fast to Compute）。主要包含两部分内容：分级分组算法（Hierarchical Grouping Algorithm）、多元化策略（Diversification Strategies）。

5.2.2.1　分级分组算法

分级分组算法（Hierarchical Grouping Algorithm）认为图像中区域特征比像素更具代表性。作者使用 Efficient Graph-Based Image Segmentation[①] 方法产生图像初始区域，使用贪心算法对区域进行迭代分组，具体操作流程如下。

（1）使用 Efficient Graph-Based Image Segmentation 方法得到初始分割区域 $R=\{r_1, r_2, \cdots, r_n\}$。

（2）初始化相似度集合 $S=\varnothing$。

（3）计算两两相邻区域之间的相似度，将其添加到相似度集合 S 中。

（4）从集合 S 中找出相似度最大的两个区域 r_i 和 r_j，将其合并成为一个区域 r_t，从集合中删去原先与 r_i 和 r_j 相邻区域之间计算的相似度，计算 r_t 与其相邻区域（与 r_i 或 r_j 相邻的区域）的相似度，将其结果加入到相似度集合 S 中。同时将新区域 r_t 添加到区域集合 R 中。

（5）获取每个区域的 Bounding Boxes L，输出物体位置的可能结果 L。

算法自下而上，逐步形成多尺度的候选区域列表，如图 5-3 所示。

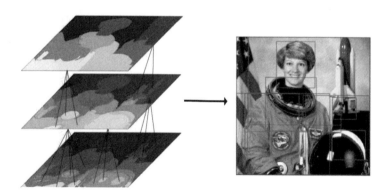

图 5-3　Selective Search 示意图

5.2.2.2　多元化策略（Diversification Strategies）

该方法采用了多样性的策略，使得抽样多样化，主要有三个不同方面：色彩空间

---

① Felzenszwalb P F, Huttenlocher D P. Efficient graph-based image segmentation[J]. Netherlands: Kluwer Academic Publishers, International journal of computer vision, 2004, 59(2): 167-181.

多样化:使用不同的色彩空间,以提取不同的不变属性;互补的相似度度量:采用不同的相似性度量;(颜色相似度、纹理相似度、尺寸相似度、填充相似度,最后计算最终相似度衡量);改变起始区域:采用不同算法选取起始区域,以达到最佳分隔效果。Felzenszwalb的方法在此取得了较好效果。

5.2.3 Viola-Jones检测器

2001年,PaulViola和Michael Jones在CVPR上发表了一篇跨时代意义的文章"Rapid Object Detection Using a Boosted Cascade of Simple Features"[①],后人将其中的人脸检测算法称之为Viola-Jones(VJ)检测器。VJ检测器在2001年极为有限的计算资源下第一次实现了人脸的实时检测,速度是同期检测算法的几十甚至上百倍,极大程度地推动了人脸检测应用商业化的进程。VJ检测器的思想深刻地影响了目标检测领域至少10年的发展。

VJ检测器采用了最传统也是最保守的目标检测方法——滑动窗口检测,即在图像中的每一个尺度和每一个像素位置进行遍历,逐一判断当前窗口是否为人脸目标。这种思路看似简单,实则计算开销巨大。VJ人脸检测器之所以能够在有限的计算资源下实现实时检测,其中有三个关键要素:多尺度Haar特征的快速计算,有效的特征选择算法以及高效的多阶段处理策略。

1. 多尺度Haar特征的快速计算

Haar特征是指在窗口的某个位置取一个矩形的小块,然后将这个矩形小块划分为黑色和白色两部分,并分别对两部分所覆盖的像素点的灰度值求和,最后用白色部分像素点灰度值的和减去黑色部分像素点灰度值的和,得到一个Haar特征的值。如图5-4所示。

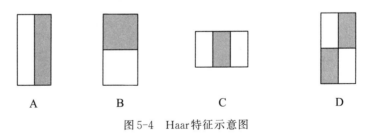

A　　　　　　B　　　　　　C　　　　　　D

图5-4　Haar特征示意图

Haar特征反映了局部区域之间的相对明暗关系,能够为人脸和非人脸的区分提供有效的信息,例如眼睛区域比周围的皮肤区域要暗,通过Haar特征就可以将这一特点表示出来。但是由于提取Haar特征时每次都需要计算局部区域内多个像素点灰度

① Viola P., Jones M. Rapid object detection using a boosted cascade of simple features[C]. Piscataway, NJ: IEEE, Proceedings of the 2001 IEEE computer society conference on computer vision and pattern recognition, CVPR 2001, 1:I-I.

值之和,因此在速度上并不快,为此 VJ 人脸检测器引入了积分图来加速 Haar 特征的提取。积分图可以使特征计算量与窗口的尺寸无关,同时也避免了处理多尺度问题时构建图像金字塔这一耗时的过程。

2. 特征选择

复杂的分类器往往具有更强的分类能力,能够获得更好的分类准确度,但是分类时的计算代价比较高,而简单的分类器虽然计算代价小,但是分类准确度也较低。VJ人脸检测器采用了 AdaBoost 方法,希望降低计算代价,所以只用简单的分类器,同时也希望分类准确度高,于是把多个简单的分类器组合起来,聚弱为强,将多个弱分类器组合成一个强分类器。

3. 多阶段处理

该方法采用了级联决策结构,称为 Cascades。整个检测器由多级 Adaboost 决策器组成,每一级决策器又由若干个弱分类决策桩(Decision Stump)组成。Cascades 的核心思想是将较少的计算资源分配在背景窗口,而将较多的计算资源分配在目标窗口。如果某一级决策器将当前窗口判定为背景,则无需后续决策就可继续开始下一个窗口的判断。

5.2.4 可变形部件模型

可变形部件模型(Deformable Partbased Model,DPM)[①]是经典手工特征检测算法发展的顶峰,连续获得 VOC2007、2008、2009 三年的检测冠军。DPM 最早由芝加哥大学的 P.Felzenszwalb 等人提出,后由其博士生 R.Girshick 改进。2010 年,P.Felzenszwalb 和 R.Girshick 被 VOC 授予"终身成就奖"。DPM 的主要思想可简单理解为将传统目标检测算法中对目标整体的检测问题拆分并转化为对模型各个部件的检测问题,然后将各个部件的检测结果进行聚合得到最终的检测结果,即"从整体到部分,再从部分到整体",如图 5-5 所示。例如,对汽车目标的检测问题可以在 DPM 的思想下分解为分别对车窗、车轮、车身等部件的检测问题,对行人的检测问题也可以类似地被分解为对人头、四肢、躯干等部件的检测问题。

---

① Felzenszwalb P., McAllester D., Ramanan D. A. Discriminatively trained, multiscale, deformable part model[C]. Piscataway, NJ: IEEE, 2008 IEEE Conference on Computer Vision and Pattern Recognition, 2008:1–8.

图 5-5　DPM 部件检测示意图

1. 模型结构

整个 DPM 检测器由基滤波器(Root-filter)和一系列部件滤波器(Part-filter)构成。这一部分工作由 Felzenszwalb 等人在 2007 年提出,并称其为星型模型(Star-model)。后来 Girshick 又在星型模型的基础上进一步将其拓展为混合模型(MixtureModel),用于解决真实世界中三维物体不同视角下的检测问题。

2. 模型优化

由于 DPM 模型在训练过程中并未要求详细标注出各个部件的位置,所以采用了一种弱监督学习的策略。由于部件滤波器可以视为模型中的隐含变量,故 Girshick 进一步将其转化为隐含变量结构 SVM 的优化问题,并结合难样本挖掘和随机梯度优化策略对该问题进行求解。

3. 模型加速

Girshick 还曾将 DPM 中的线性 SVM 分类器"编译"为一系列的级联决策桩(Decision Stump)分类器,在不牺牲精度的前提下,将 DPM 加速了 10 倍。值得一提的是,这种加速策略本质上是借鉴了 VJ 检测器快速检测人脸技术的思路。

4. 算法后处理

DPM 算法采用边界框回归和上下文信息集成进一步提升检测准确率。其中,边界框回归的主要作用是将检测得到的基滤波器以及部件滤波器所对应的边界框进行整合,并利用线性最小二乘回归来得到最终精确的边界框坐标。上下文信息集成的作用是利用全局信息对检测结果进行重新调整。本质上,上下文信息反映了各个类别的目标在图像中的联合先验概率密度分布,即哪些类别的目标可能同时出现,哪些类别的目标则不太可能同时出现。

虽然近几年基于深度学习的检测模型从精度上已远远超越了 DPM,但 DPM 中的很多思想直到今天依然重要,例如混合模型、难样本挖掘、边界框回归、上下文信息的利用等。时至今日,这些方法还都深深影响着目标检测领域的发展。

5.3　深度学习时代目标检测

近几年来,目标检测算法取得了很大的突破。比较流行的算法可以分为两类,一类是基于 Region Proposal 的 R-CNN 系算法(R-CNN、Fast R-CNN、Faster R-CNN 等),它们是两阶段(Two-Stage)的算法,需要先通过算法产生目标候选框,也就是目标位置,然后再对候选框做分类与回归。而另一类是 Yolo、SSD 这类单阶段(One-Stage)的算法,其仅仅使用一个卷积神经网络 CNN 直接预测不同目标的类别与位置。第一类算法的准确度高一些,但是速度慢;第二类算法的速度快,但是准确度要低一些,如图 5-6 所示。

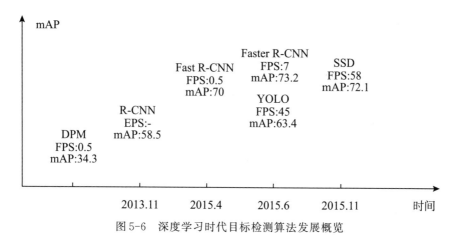

图 5-6　深度学习时代目标检测算法发展概览

5.3.1　两阶段检测方法

两阶段目标检测算法中最经典的是 R-CNN[①]算法以及由此演变生成的其他算法,简称为 R-CNN 系。R-CNN 系算法基本流程相似,一般分为生成目标候选区域和使用神经网络对候选区域做分类和回归这两个步骤:

5.3.1.1　R-CNN

目标检测有两个主要任务:物体分类和定位,为了完成这两个任务,R-CNN 借鉴了滑动窗口思想,采用对区域进行识别的方案包含以下步骤(见图 5-7)。

(1)输入一张图片,通过指定算法从图片中提取 2000 个类别独立的候选区域(可

---

① Girshick R., Donahue J., Darrell T., et. al. Rich feature hierarchies for accurate object detection and semantic segmentation [C]. Piscataway, NJ: IEEE, Proceedings of the IEEE conference on computer vision and pattern recognition, 2014:580–587.

能目标区域)。

(2)对于每个候选区域利用卷积神经网络获取一个特征向量。

(3)对于每个区域相应的特征向量,利用支持向量机SVM进行分类,并通过一个边界框回归,调整目标边界框的大小。

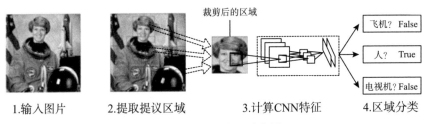

图5-7　R-CNN流程示意图

R-CNN目标检测首先需要获取2000个目标候选区域,能够生成候选区域的方法很多,R-CNN采用的是Selective Search算法。对于获取的候选区域,需进一步使用CNN提取对应的特征向量,R-CNN使用模型AlexNet。需要注意的是Alexnet的输入图像大小是227×227,而通过Selective Search产生的候选区域大小不一,为了与Alexnet兼容,R-CNN采用了非常暴力的手段,那就是无视候选区域的大小和形状,统一变换到227×227的尺寸。

通过上述卷积神经网络获取候选区域的特征向量,进一步使用SVM进行物体分类,向SVM输入特征向量,输出类别得分。将2000×4096维特征(2000个候选框,每个候选框包含4096的特征向量)与20个SVM组成的权值矩阵4096×20相乘(20种分类,SVM是二分类器,每个种类训练一个SVM,则有20个SVM,此处的SVM训练数据集为ImageNet),获得2000×20维矩阵表示每个建议框是某个物体类别的得分。分别对上述2000×20维矩阵中每列即每一类进行非极大值抑制剔除重叠建议框,得到该列即该类中得分最高的一些候选框。

使用一个回归器进行边框回归:输入为卷积神经网络Pool 5层的4096维特征向量,输出为x、y方向的缩放和平移,实现边框的修正。在进行测试前仍需回归器进行训练,训练正样本为与Ground Truth的IoU(IoU即交并比,是目标检测中常见的一个概念,计算方式为候选框与Groud Truth的交集与并集的比值,如图5-8所示)最大的建议区域和IoU大于0.6的建议区域。

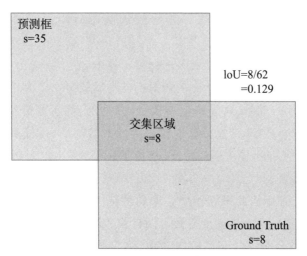

图5-8　IoU概念示意图

对于R-CNN的贡献,可以主要分为两个方面:使用了卷积神经网络进行特征提取;使用边界框回归进行目标边界框的修正。但是R-CNN也存在一些问题:Selective Search算法效率低,对一张图像做候选区域提议,需要花费2s;串行式CNN前向传播效率低,对于每一个候选框,都需经过一个AlexNet提取特征,为所有的候选框提取特征大约花费47s;三个模块(CNN特征提取、SVM分类和边框修正)是分别训练的,并且在训练的时候,对于存储空间的消耗很大。

5.3.1.2　Fast R-CNN

Ross在2015年提出Fast R-CNN[①],针对R-CNN的缺陷进行了改进,图5-9为Fast R-CNN的解决方案,Fast R-CNN的解决方案包含以下步骤。

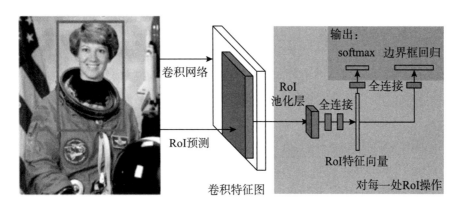

图5-9　Fast R-CNN解决方案

① Girshick R. Fast r-cnn[C]. Piscataway, NJ: IEEE, Proceedings of the IEEE international conference on computer visión, 2015:1440-1448.

（1）采用 Selective Search 提取 2000 个候选框 RoI（Region of Interest，即感兴趣区域）。

（2）使用一个卷积神经网络对全图进行特征提取。

（3）使用一个 RoI Pooling Layer 在全图特征上摘取每一个 RoI 对应的特征。

（4）分别经过为 21 维和 84 维的全连接层（并列的，前者是分类输出，后者是回归输出）Fast R-CNN 通过 CNN 直接获取整张图像的特征图，再使用 RoI Pooling Layer 在特征图上获取对应每个候选框的特征，避免了 R-CNN 中的对每个候选框串行进行卷积（耗时较长）。

对于每个 RoI，需要从共享卷积层获取的特征图上提取对应的特征，送入全连接层进行分类。因此，RoI Pooling 主要做了两件事，第一件是为每个 RoI 选取对应的特征，第二件是为了满足全连接层的输入需求，将每个 RoI 对应特征的维度转化成某个定值。对于每一个 RoI，RoI Pooling Layer 将其映射到特征图对应位置，获取对应特征。另外，由于每一个 RoI 的尺度各不相同，所以提取出来的特征向量 Region Proposal 维度也不尽相同，因此需要某种特殊的技术保证输入后续全连接层的特征向量维度相同。ROI Pooling 的提出便是为了解决这一问题的，ROI Pooling 包含以下步骤。

（1）Region Proposal 划分为目标 H×W 大小的分块。

（2）对每一个分块做 MaxPooling（每个分块中含有多个网格，每个分块选取网格中的最大值作为该分块特征值）。

（3）将所有输出值组合起来便形成固定大小为 H×W 的 Feature Map。

Fast R-CNN 的贡献主要有：取代 R-CNN 的串行特征提取方式，直接采用一个 CNN 对全图提取特征；加入了多任务损失函数，除了 Selective Search，其他部分都可以合在一起训练。Fast R-CNN 也有缺点，比如耗时的 Selective Search 依旧存在。

5.3.1.3　Faster R-CNN

Faster R-CNN[①]提出了区域提议网络（Region Proposal Network，RPN）取代 Selective Search，直接通过一个 RPN 生成待检测区域，因此在生成 RoI 区域的时候，时间也就从 2s 缩减到了 10ms。图 5-10 为 Faster R-CNN 整体结构。

---

① Ren S., He K., Girshick R., et. al. Faster r-cnn: Towards real-time object detection with region proposal networks[C]. Cambridge, Massachusetts: MIT Press, Advances in neural information processing systems, 2015:91-99.

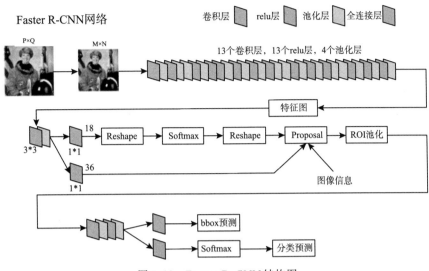

图 5-10　Faster R-CNN 结构图

Faster R-CNN 由共享卷积层、RPN、RoI Pooling 以及分类和回归四部分组成。

(1)首先使用共享卷积层为全图提取特征 Feature Maps。

(2)将得到的 Feature Maps 送入 RPN, RPN 生成待检测框(指定 RoI 的位置),并对 RoI 的边界框进行第一次修正。

(3)RoI Pooling Layer 根据 RPN 的输出在 Feature Map 上面选取每个 RoI 对应的特征,并将维度置为定值。

(4)使用全连接层(FC Layer)对框进行分类,并且进行目标边界框的第二次修正。

Faster R-CNN 真正实现了端到端的训练。Faster R-CNN 最大特色是使用 RPN 取代了 SS 算法来获取 RoI。经典的检测方法生成检测框都非常耗时,如 OpenCV Adaboost 使用滑动窗口+图像金字塔生成检测框;或如 R-CNN 使用 Selective Search 方法生成检测框。而 Faster R-CNN 则抛弃了传统的滑动窗口和 Selective Search 方法,直接使用 RPN 生成检测框,这也是 Faster R-CNN 的巨大优势,能极大提升检测框的生成速度。

图 5-11 展示了 RPN 网络的具体结构。可以看到 RPN 网络实际分为两条支线,上面一条支线通过 Softmax 来分类 Anchors,获得前景和背景(检测目标是前景),下面一条支线用于计算 Anchors 的边框偏移量,以获得精确的候选区域。而最后的候选区域提议层则负责综合前景 Anchors 和偏移量获取候选区域,同时剔除太小和超出边界的候选区域。整个网络在候选区域提议层即完成了目标定位的功能。

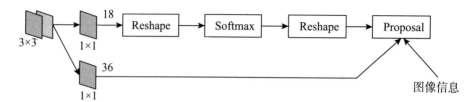

图5-11 RPN网络结构

1. Anchor

RPN依靠一个在共享特征图上滑动的窗口,为每个位置生成9种预先设置好长宽比与面积的目标框(即Anchor)。这9种初始Anchor包含三种面积(128×128,256×256,512×512),每种面积又包含三种长宽比(1:1,1:2,2:1),如图5-12所示。

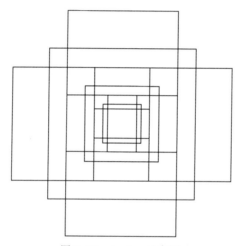

图5-12 Anchor示意图

由于共享特征图的大小约为40×60,所以RPN生成的初始Anchor的总数约为20000个(40×60×9)。其实RPN就是最终在原图尺度上,设置了密密麻麻的候选Anchor。进而去判断Anchor到底是前景还是背景,即判断这个Anchor到底有没有覆盖目标,以及为属于前景的Anchor进行第一次坐标修正。

2. 判断前景或背景

对于所有的Anchors,首先需要判断Anchor是否为前景。对于第一个问题,RPN的做法是使用Softmax Loss直接训练,在训练的时候排除掉了超越图像边界的Anchor。全体Anchors示意如图5-13所示。

图5-13 全体Anchors示意图

3. 边框修正

如图5-14所示,较大的框表示的是飞机的实际框标签(Ground Truth,GT),内部的框表示其中一个候选区域(Foreground Anchor),即被分类器识别为飞机的区域,但是由于预测区域定位不准确,这张图相当于没有正确检测出飞机,所以希望采用一种方法对内部的预测框进行微调,使得候选区域和实际框更加接近。

图5-14 候选框与实际框标签

对于窗口一般使用四维向量(x, y, w, h)表示,分别表示窗口的中心点坐标和宽高。对于图5-15,中心点位于左下角的框A代表原始的Positive Anchors,中心点位于右上角的框G代表目标的GT,目标是寻找一种关系,使得原始输入的Anchor A经过映射得到一个跟真实窗口G更接近的回归窗口G'。也就是说,给定anchor$A=(A_x, A_y, A_w, A_h)$和$GT=(G_x, G_y, G_w, G_h)$,寻找一种变换F,使得:$F(A_x, A_y, A_w, A_h)=(G'_x, G'_y, G'_w, G'_h)$,其中,$(G'_x, G'_y, G'_w, G'_h) \approx (G_x, G_y, G_w, G_h)$。想要从图5-15中的Anchor A变为G',比较简单的思路就是先做平移$G'_x = A_w \cdot d_x(A) + A_x$,$G'_y = A_h \cdot d_y(A) + A_y$,再做缩放$G'_w = A_w \cdot \exp(d_w(A))$,$G'_h = A_h \cdot \exp(d_h(A))$。

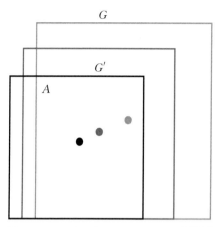

图 5-15　Anchor 与 Ground Truth 映射图

　　观察上面 4 个公式发现,需要学习的是 $d_x(A), d_y(A), d_w(A), d_h(A)$ 这四个变换。当输入的 Anchor A 与 GT 相差较小时,可以认为这种变换是一种线性变换,那么就可以用线性回归对窗口进行微调(注意,只有当 Anchor A 和 GT 比较接近时,才能使用线性回归模型,否则就是复杂的非线性问题了)。

　　接下来的问题就是如何通过线性回归获得 $d_x(A), d_y(A), d_w(A), d_h(A)$ 了。线性回归就是给定输入的特征向量 X,学习一组参数 W,使得经过线性回归后的值跟真实值 Y 非常接近,即 $Y = WX$。对于该问题,输入 X 是 CNN Feature Map,定义为 Φ;同时还有训练传入 A 与 GT 之间的变换量,即 (t_x, t_y, t_w, t_h),输出是 $d_x(A), d_y(A)$, $d_w(A), d_h(A)$ 四个变换。那么目标函数可以表示为: $d_*(A) = W_*^T \cdot \phi(A)$。其中 $\phi(A)$ 是对应 Anchor 的 Feature Map 组成的特征向量,W_* 是需要学习的参数,$d_*(A)$ 是得到的预测值(*表示 x, y, w, h,也就是每一个变换对应一个上述目标函数)。为了让预测值 $d_*(A)$ 与真实值 t_* 差距最小,设计对应的损失函数和目标优化函数为 L1 损失函数: $\mathrm{Loss} = \sum_i^N |t_*^i - W_*^T \cdot \phi(A^i)|$,函数优化目标为: $\hat{W}_* = \mathrm{argmin}_{W_*} \sum_i^n |t_*^i - W_*^T \cdot \phi(A^i)| + \lambda \|W_*\|$

　　为了方便描述,这里以 L1 损失为例,而真实情况中一般使用 Soomth-L1 损失。需要说明,只有在 GT 与需要回归框位置比较接近时,才可近似认为上述线性变换成立。对应于 Faster RCNN 原文,Positive Anchor 与 GT 之间的平移量 (t_x, t_y) 与尺度因子 (t_w, t_h) 如下: $t_x = (x - x_a)/w_a$, $t_y = (y - y_a)/h_a$, $t_w = \log(w/w_a)$, $t_h = \log(h/h_a)$。对于训练边界框回归分支,输入是 CNN Feature Map Φ,监督信号是 Anchor 与 GT 的差距 (t_x, t_y, t_w, t_h),即训练目标是:输入 Φ 的情况下使网络输出与监督信号尽可能接近。那么将 Φ 输入回归分支,回归分支的输出就是每个 Anchor 的平移量和变换尺度 (t_x, t_y, t_w, t_h),即可用来修正 Anchor 位置。

5.3.1.4　Mask R-CNN

Mask R-CNN是一个非常灵活的框架,可以增加不同的分支用来完成不同的任务,包括目标分类、目标检测、语义分割、实例分割、人体姿势识别等多种任务。Mask R-CNN[①]可以分解为如图5-16所示的3个模块:Faster-RCNN、RoIAlign和Mask。算法包含以下步骤。

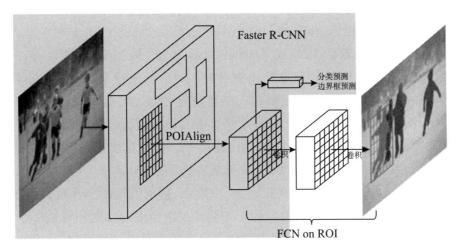

图5-16　Mask R-CNN流程图

(1)输入一幅待处理的图片,进行对应的预处理操作,或者直接输入预处理后的图片。

(2)其输入一个预训练好的神经网络中(ResNeXt等)获得对应的Feature Map。

(3)对这个Feature Map中的每一点设定预定个数的RoI,从而获得多个候选RoI。

(4)将这些候选的RoI送入RPN网络进行二值分类(前景或背景)和边界框回归,过滤掉一部分候选的RoI。

(5)对这些剩下的RoI进行RoIAlign操作(即先将原图和Feature Map的像素对应起来,然后将Feature Map和固定的特征区域对应起来)。

(6)对这些RoI进行分类(N类别分类)、边界框回归和MASK生成(在每一个ROI里面进行FCN操作)。

Mask R-CNN使用RoIAlign取代了Faster RCNN中的RoI Pooling。RoI Pooling和RoIAlign最大的区别是:前者使用了两次量化操作,后者并没有采用量化操作,而是使用了线性插值算法。

① He K., Gkioxari G., Dollár P., et al. Mask r-cnn[C]. Piscataway, NJ: IEEE, Proceedings of the IEEE international conference on computer vision, 2017:2961-2969.

如图5-17所示,为了得到固定大小(7 × 7)的 Feature Map,需要做两次量化操作:①图像坐标到 Feature Map 坐标(665/32 ≈ 20);②Feature Map 坐标到 RoI 特征坐标(20/7 ≈ 2)。具体细节如下:输入一张 800 × 800 的图像,在图像中有两个目标(猫和狗),狗的边界框大小为 665 × 665,经过 VGG16 网络后,可以获得对应的 Feature Map,如果对卷积层进行 Padding 操作,图片经过卷积层后保持原来的大小,但是由于池化层的存在,最终获得 Feature Map 会比原图缩小一定的比例,这和 Pooling 层的个数和大小有关。在该 VGG16 中,使用了5个池化操作,每个池化操作都是 2×2 Pooling,因此最终获得 Feature Map 的大小为(800/32)×(800/32)= 25 × 25(是整数),但是将狗的边界框对应到 Feature Map 上面,得到的结果是(665/32)×(665/32)≈ 20.78 × 20.78,结果是浮点数,含有小数,由于像素值可没有小数,那么作者就对其进行了量化操作(取整操作),结果变为 20 × 20,在这里引入了第一次的量化误差;然而 Feature Map 中有不同大小的 RoI,但是后面的网络却要求固定的输入,因此需要将不同大小的 RoI 转化为固定的 RoI 特征,在这里使用的是 7 × 7 的 RoI特征,那么我们需要将 20 × 20 的 RoI 映射成 7 × 7 的 RoI 特征,其结果是(20/7)×(20/7)≈ 2.86 × 2.86,同样是浮点数,含有小数点,采取同样的操作进行取整,引入了第二次量化误差。其实,这里引入的误差会导致图像中的像素和特征中像素的偏差,即将特征空间的 RoI 对应到原图上面会出现很大的偏差。原因如下:比如用第二次引入的误差分析,原本是 2.86,将其量化为 2,这期间引入了 0.86 的误差。虽然这个误差很小,但是这个误差是在特征空间上产生的,通过特征空间和图像空间的比例关系 1:32,对应到原图上面的差距就是 0.86 × 32 = 27.52。大大影响整个检测算法的性能,因此是一个严重的问题。

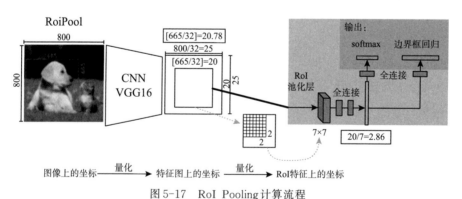

图 5-17 RoI Pooling 计算流程

如 5-18 所示,为了得到固定大小(7 × 7)的 Feature Map,RoIAlign 方法并没有使用量化操作,即不想引入量化误差,比如 665/32 = 20.78,不用 20 替代,进一步,对于 20.78/7 = 2.97,不用 2 来代替。这就是 RoIAlign 的初衷。那么如何处理这些浮点数呢? 解决思路是使用"双线性插值"算法。双线性插值是一种比较好的图像缩放算法,它充分利用了原图中虚拟点(比如20.56这个浮点数,像素位置都是整数值,没有浮点值)四周的四个真实存在的像素值来共同决定目标图中的一个像素值,即可以将20.56这个虚拟的位置点对应的像素值估计出来。如图5-19所示,虚线框表示卷积后获得的Feature Map,实线框表示ROI feature,最后需要输出的大小是2×2,那么就利用双线性插值来估计这些蓝点(虚拟坐标点,又称双线性插值的网格点)处所对应的像素值,最后得到相应的输出。这些蓝点是2×2网格中的随机采样的普通点,这些采样点的个数和位置不会对性能产生很大的影响,也可以用其他的方法获得。然后在每一个深色块区域里面进行Max Pooling或者Average Pooling操作,最终获得2×2的输出结果。整个过程中没有用到量化操作,没有引入误差,即原图中的像素和Feature Map中的像素完全对齐,没有偏差,这不仅会提高检测的精度,同时也有利于实例分割。

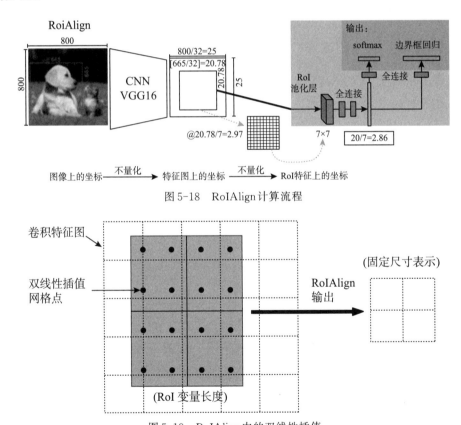

图 5-18   RoIAlign 计算流程

图 5-19   RoIAlign 中的双线性插值

在 Mask R-CNN 中的 RoI Align 之后有一个"Head"部分,主要作用是将 RoI Align 的输出维度扩大,这样在预测 Mask 时会更加精确,称为 Mask Branch。在 Mask Branch 的训练环节,作者没有采用 FCN 式的 Softmax Loss,反而是输出了 K 个 Mask 预测图(为每一个类都输出一张),并采用 Average Binary Cross-Entropy Loss 训练,当然在训练Mask branch的时候,输出的K个特征图中,也只是对应Ground Truth类别的那一个特征图对Mask Loss有贡献。

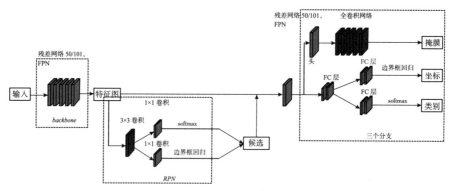

图5-20　Mask Branch计算流程

5.3.2　单阶段检测方法

单阶段的检测方法流程可以大致认定为将一个网络分成卷积层、目标检测层和筛选层三部分的一种目标检测方法流派。接下来我们将学习Yolo和SSD方法。

5.3.2.1　Yolo

以上目标检测模型都是two-stage算法,针对two-stage目标检测算法普遍存在的运算速度慢的缺点,Yolo[①]创造性地提出了one-stage,也就是将物体分类和物体定位在一个步骤中完成。Yolo直接在输出层回归边界框的位置和边界框所属类别,从而实现one-stage。通过这种方式,Yolo可实现45帧每秒的运算速度,完全能满足实时性要求(达到24帧每秒,人眼认为是连续的),系统如图5-21所示。主要分为三个部分:卷积层、目标检测层、NMS筛选层。

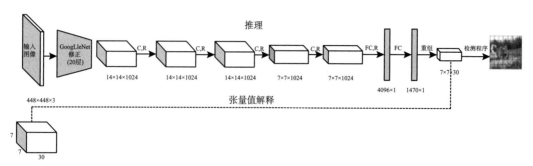

图5-21　Yolo算法流程图

① Redmon J., Divvala S., Girshick R., et. al. You only look once: Unified, real-time object detection[C]. Piscataway, NJ: IEEE, Proceedings of the IEEE conference on computer vision and pattern recognition, 2016:779-788.

1. 卷积层

采用 Google inception V1 网络,对应到图 5-21 中的第一个阶段,共 20 层。这一层主要是进行特征提取,从而提高模型泛化能力。但作者对 inception V1 进行了改造,没有使用 inception module 结构,而是用一个 1×1 的卷积,并联一个 3×3 的卷积替代。

2. 目标检测层

先经过 4 个卷积层和 2 个全连接层,最后生成 7×7×30 的输出。先经过 4 个卷积层的目的是提高模型泛化能力。Yolo 将一副 448×448 的原图分割成了 7×7 个网格,然后每个单元格负责检测那些中心点落在该格子内的目标,如图 5-22 所示,可以看到狗这个目标的中心落在中间靠右的一个单元格内,那么该单元格负责预测这个狗。每个单元格会预测 B 个边界框以及边界框的置信度(confidence score)。所谓置信度其实包含两个方面,一是这个边界框含有目标的可能性大小,二是这个边界框的准确度。前者记为 $\Pr(object)$,当该边界框是背景时(即不包含目标),此时 $\Pr(object)=0$。而当该边界框包含目标时,$\Pr(object)=1$。边界框的准确度可以用预测框与实际框(ground truth)的 IoU 来表征,记为 $\text{IOU}_{pred}^{truth}$。因此,置信度可以定义为 $\Pr(object)*\text{IOU}_{pred}^{truth}$。很多人可能将 Yolo 的置信度看成边界框是否含有目标的概率,但是其实它是两个因子的乘积,预测框的准确度也反映在里面。边界框的大小与位置可以用 4 个值来表征:(x,y,w,h),其中 (x,y) 是边界框的中心坐标,而 w 和 h 是边界框的宽与高。还有一点要注意,中心坐标的预测值 (x,y) 是相对于每个单元格左上角坐标点的偏移值,并且单位是相对于单元格大小的。而边界框的 w 和 h 预测值是相对于整个图片的宽与高的比例,这样理论上 4 个元素的大小应该在 [0,1] 范围。所以,每个边界框的预测值实际上包含 5 个元素:(x,y,w,h,c),其中前 4 个表征边界框的大小与位置,而最后一个值是置信度。

(1)边界框坐标每个边界框的位置坐标为 (x,y,w,h),x 和 y 表示边界框中心点坐标,w 和 h 表示边界框宽度和高度。通过与训练数据集上标定的物体真实坐标 (Gx,Gy,Gw,Gh) 进行对比训练,可以计算出初始边界框的平移和伸缩参数,以此得到最终位置的模型,如图 5-22 所示。

图 5-22　Yolo目标检测示意图

（2）边界框置信度。置信度是为了表达边界框内有无物体的概率,并不表达边界框内物体是什么,置信度定义为:

$$confidence = \Pr(object) * \text{IOU}_{pred}^{truth}, \tag{5-1}$$

其中,前一项表示有无人工标记的物体落入了网格内,如果有则为1,否则为0;第二项代表预测边界框和真实边界框之间的重合度,它等于两个框面积交集除以面积并集,值越大则说明预测边界框越接近真实边界框位置。

每个网格还需要预测它属于20分类中每一个类别的概率。分类信息是针对每个网格的,而不是边界框。故只需要20个,而不是40个。而置信度则是针对边界框的,它只表示框内是否有物体,而不需要预测物体是20分类中的哪一个,故只需要2个参数。虽然分类信息和置信度都是概率,但表达含义完全不同。

3. NMS筛选层

筛选层是为了在多个结果中(多个边界框)筛选出最合适的几个,这个方法和Faster R-CNN中基本相同。都是先过滤掉置信度低于阈值的边界框,对剩下的边界框进行NMS非极大值抑制,去除掉重叠度比较高的边界框,这样就得到了最终的最合适的几个边界框及其类别。

Yolo的损失函数包含三部分:位置误差、置信度误差、分类误差。坐标预测损失如公式(5-2)所示,含有物体的边界框的置信度预测部分损失如公式(5-3)所示,不含物体的边界框的置信度预测部分损失如公式(5-4)所示,类别预测损失如公式(5-5)所示。

$$\lambda coord \sum_{i=0}^{s^2} \sum_{j=0}^{B} 1_{ij}^{obj} [(xi + \hat{x}i) + (yi + \hat{y}_i^2)] +$$

$$\lambda coord \sum_{i=0}^{s^2} \sum_{j=0}^{B} 1_{ij}^{obj} \left[\left(\sqrt{\omega i} - \sqrt{\hat{\omega} i} \right)^2 + \left(\sqrt{hi} - \sqrt{\hat{h}i} \right)^2 \right] \tag{5-2}$$

$$+ \sum_{i=0}^{s^2} \sum_{j=0}^{B} 1_{ij}^{obj} \left(Ci - \hat{C}_i \right)^2 \tag{5-3}$$

$$+ \lambda noord \sum_{i=0}^{s^2} \sum_{j=0}^{B} 1_{ij}^{noobj} \left(Ci - \hat{C}_i \right)^2 \tag{5-4}$$

$$+ \sum_{i=0}^{s^2} 1_i^{obj} \sum_{c \in classes} \left(pi(c) - \hat{p}(c) \right)^2 \tag{5-5}$$

误差均采用了均方差算法,但是有学者认为位置误差应该采用均方差算法,而分类误差应该采用交叉熵。由于物体位置只有 4 个参数,而类别有 20 个参数,它们的累加和不同。如果赋予相同的权重,存在一定的不合理性。故 Yolo 中位置误差权重为 5,类别误差权重为 1。由于不是特别关心不包含物体的边界框,故赋予不包含物体的框的置信度误差的权重为 0.5,包含物体的权重则为 1。

Yolo 算法开创了 one-stage 检测的先河,它将物体分类和物体检测网络合二为一,都在全连接层完成。故它大大降低了目标检测的耗时,提高了实时性。但它的缺点也十分明显:每个网格只对应两个边界框,当物体的长宽比不常见(即训练数据集覆盖不到时),效果很差;原始图片只划分为 7×7 的网格,当两个物体靠得很近时,效果很差;最终每个网格只对应一个类别,容易出现漏检,即物体没有被识别到的情况;对于图片中比较小的物体,效果很差。

5.3.2.2 SSD

Faster R-CNN 的准确率 mAP 较高,召回率 Recall 较低,但速度较慢。而 Yolo 则相反,速度快,但准确率和漏检率不尽人意。SSD[①]综合了它们的优缺点,对输入 300×300 的图像,在 VOC2007 数据集上进行测试,能够达到 58 帧每秒(Titan X 的 GPU),72.1% 的 mAP。SSD 和 Yolo 一样都是采用一个 CNN 网络来进行检测,但是却采用了多尺度的特征图,SSD 网络结构如图 5-23 所示:

---

① Liu W., Anguelov D., Erhan D., et. al. Ssd: Single shot multibox detector[C]. German: Springer, European conference on computer vision, 2016:21—37.

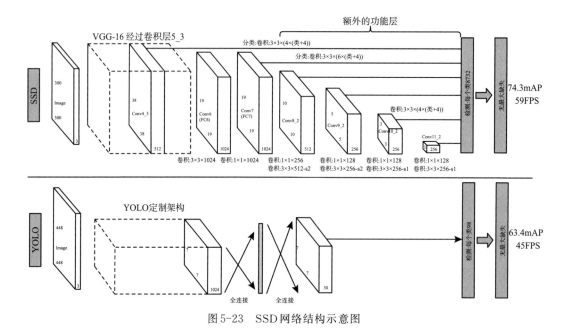

图5-23　SSD网络结构示意图

与Yolo类似,SSD也分为三部分:卷积层,目标检测层和NMS筛选层。

1. 卷积层

SSD采用了VGG16的基础网络,先用一个CNN网络来提取特征,然后再进行后续的目标定位和目标分类识别。

2. 目标检测层

这一层由五个卷积层和一个平均池化层组成。去掉了最后的全连接层。SSD认为目标检测中的物体,只与周围信息相关,它的感受野不是全局的,故没必要也不应该做全连接。SSD的特点如下:

(1)多尺寸Feature Map上进行目标检测。每一个卷积层,都会输出不同大小感受野的Feature Map。在这些不同尺度的Feature Map上,进行目标位置和类别的训练和预测,从而达到多尺度检测的目的,可以克服Yolo对于宽高比不常见的物体,识别准确率较低的问题。而Yolo中,只在最后一个卷积层上做目标位置和类别的训练和预测。这是SSD相对于Yolo能提高准确率的一个关键所在。

如图5-24所示,SSD在每个卷积层上都会进行目标检测和分类,最后由NMS进行筛选,输出最终的结果。多尺度Feature Map上做目标检测,相当于多了很多宽高比例的边界框,可以大大提高泛化能力。

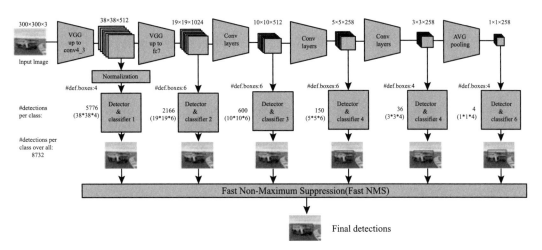

图 5-24　SSD 的多尺度检测示意图

（2）设置先验框。在 Yolo 中，每个单元预测多个边界框，都是相对这个单元本身（正方块），但是真实目标的形状是多变的，Yolo 需要在训练过程中自适应目标的形状。而 SSD 和 Faster R-CNN 相似，也提出了 Anchor 的概念。卷积输出的 Feature Map，每个点对应原图的一个区域的中心点。以这个点为中心，构造出 6 个宽高比例不同、大小不同的 Anchor，SSD 中称为先验框（default box）。每个 Anchor 对应 4 个位置参数 (x, y, w, h) 和 21 个类别概率（voc 训练集为 20 分类问题，再加上 anchor 是否为背景，共 21 个分类）。

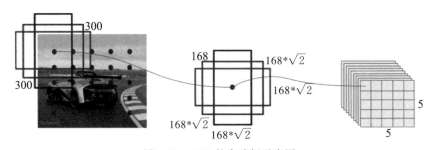

图 5-25　SSD 的先验框示意图

SSD 的检测值也与 Yolo 有部分差异。如图 5-25 所示，对于每个单元的每个先验框，其都输出一套独立的检测值，对应一个边界框，主要分为两个部分。第一部分是各个类别的置信度或者评分，值得注意的是 SSD 将背景也当做了一个特殊的类别，如果检测目标共有 c 个类别，SSD 需要预测 c＋1 个置信度值，其中第一个置信度指不含目标或者属于背景的评分。后面 c 个类别置信度包含背景这个特殊类别，即真实的检测类别只有 c－1 个。在预测过程中，置信度最高的那个类别就是边界框所属的类别，特别地，当第一个置信度值最高时，表示边界框中并不包含目标。第二部分就是边界框的定位，包含 4 个值 (cx, cy, w, h)，分别表示边界框的中心坐标以及宽高。但是真实预测值只是边界框相对于先验框的转换值。另外,SSD采用了数据增强。生成与目标物体真实box间IoU为0.1 0.3 0.5 0.7 0.9的patch,随机选取这些patch参与训练,并对它们进行随机水平翻转等操作。SSD认为这个策略提高了8.8%的准确率。

3. 筛选层

与Yolo的筛选层基本一致,同样先过滤掉类别概率低于阈值的先验框,再采用NMS非极大值抑制,筛掉重叠度较高的。只不过SSD综合了各个不同Feature Map上的目标检测输出先验框。

5.4　行人检测算法框架

行人检测(Pedestrian Detection)是计算机视觉中的经典问题,也是长期以来难以解决的问题。和人脸检测问题相比,由于人体的姿态复杂,变形更大,附着物和遮挡等问题更严重,因此准确检测处于各种场景下的行人具有很大的难度。

行人检测一直是计算机视觉研究中的热点和难点。行人检测要解决的问题是:找出图像或视频帧中所有的行人,包括位置和大小,一般用矩形框表示,和人脸检测类似,这也是典型的目标检测问题。行人检测技术有很强的使用价值,它可以与行人跟踪、行人重识别等技术结合,应用于汽车无人驾驶系统(ADAS)、智能机器人、智能视频监控、人体行为分析、客流统计系统、智能交通等领域。

由于人体具有相当的柔性,因此会有各种姿态和形状,其外观受穿着,姿态,视角等影响非常大,另外还面临着遮挡、光照等因素的影响,这使得行人检测成为计算机视觉领域中一个极具挑战性的课题。行人检测要解决的主要难题包括以下几点。

(1)外观差异大:包括视角,姿态,服饰和附着物,光照,成像距离等。从不同的角度观察,行人的外观是很不一样的。处于不同姿态的行人,外观差异也很大。由于人穿的衣服不同,以及打伞、戴帽子、戴围巾、提行李等附着物的影响,外观差异也非常大。光照的差异也导致了一些困难。远距离的人体和近距离的人体,在外观上差别也非常大。

(2)遮挡问题:在很多应用场景中,行人非常密集,存在严重的遮挡,我们只能看到人体的一部分,这给检测算法带来了严重的挑战。

(3)背景复杂:无论是室内还是室外,行人检测一般面临的背景都非常复杂,有些物体的外观和形状、颜色、纹理很像人体,导致算法无法准确区分。

(4)检测速度:行人检测一般采用了复杂的模型,运算量相当大,要达到实时非常困难,一般需要大量的优化。

5.4.1 基于运动检测的算法

如果摄像机静止不动,可以利用背景建模算法提取出运动的前景目标,然后利用分类器对运动目标进行分类,判断是否包含行人。常用的背景建模方法有:高斯混合模型(Mixture of Gaussian model)、ViBe 算法、帧差分算法、SACON(样本一致性建模算法)、PBAS 算法。这些背景建模算法的思路是通过前面的帧学习得到一个背景模型,然后用当前帧与背景帧进行比较,得到运动的目标,即图像中变化的区域。

背景建模算法实现简单、速度快,但存在很多问题,例如只能检测运动的目标,对于静止的目标无法处理;受光照变化、阴影的影响很大;如果目标的颜色和背景很接近,会造成漏检和断裂;容易受到恶劣天气如雨雪,以及树叶晃动等干扰物的影响;如果多个目标粘连、重叠,则无法处理。产生这些问题是因为背景建模算法只利用了像素级的信息,没有利用图像中更高层的语义信息。

5.4.2 基于机器学习的方法

基于机器学习的方法是现阶段行人检测算法的主流,在这里我们先介绍人工特征＋分类器的方案,基于深度学习的算法在下节中单独给出。人体有自身的外观特征,我们可以手工设计出特征,然后用这种特征来训练分类器区分行人和背景。这些特征包括颜色、边缘、纹理等机器学习中常用的特征,采用的分类器有神经网络、SVM、AdaBoost、随机森林等计算机视觉领域常用的算法。由于是检测问题,因此一般采用滑动窗口的技术。

1. 基于 HOG 特征和 SVM 分类器的行人检测方法

行人检测第一个有里程碑意义的成果是 Navneet Dalal 在 2005 的 CVPR 中提出的基于 HOG＋SVM[①] 的行人检测算法。梯度方向直方图(HOG)是一种边缘特征,它利用了边缘的朝向和强度信息,后来被广泛应用于车辆检测、车牌检测等视觉目标检测问题。HOG 检测器沿用了最原始的多尺度金字塔＋滑窗的思路进行检测。为了检测不同大小的目标,通常会固定检测器窗口的大小,并逐次对图像进行缩放构建多尺度图像金字塔。为了兼顾速度和性能,HOG 检测器采用的分类器通常为线性分类器或级联决策分类器等。HOG 的做法是固定大小的图像先计算梯度,然后进行网格划分,计算每个点处的梯度朝向和强度,然后形成网格内的所有像素的梯度方向分布直方图,最后汇总起来,形成整个直方图特征。

这一特征很好地描述了行人的形状、外观信息,比 Haar 特征更为强大,另外,该特征对光照变化和小量的空间平移不敏感。图 5-26 为用 HOG 特征进行行人检测的

---

① Dalal N., Triggs B. Histograms of Oriented Gradients for Human Detection[C]. Piscataway, NJ: IEEE, IEEE Computer Society Conference on Computer Vision & Pattern Recognition, 2005.

流程：

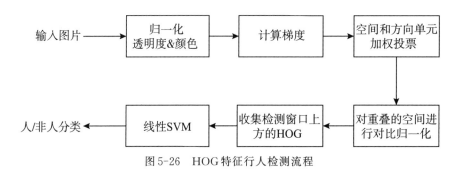

图5-26　HOG特征行人检测流程

得到候选区域的HOG特征后，需要利用分类器对该区域进行分类，确定是行人还是背景区域。在实现时，使用了线性支持向量机，这是因为采用非线性核的支持向量机在预测时的计算量太大，与支持向量的个数成正比。

目前OpenCV中的行人检测算法支持HOG＋SVM以及HOG＋Cascade两种，二者都采用了滑动窗口技术，用固定大小的窗口扫描整个图像，然后对每一个窗口进行前景和背景的二分类。为了检测不同大小的行人，还需要对图像进行缩放。图5-27是提取行人的HOG特征示意图。

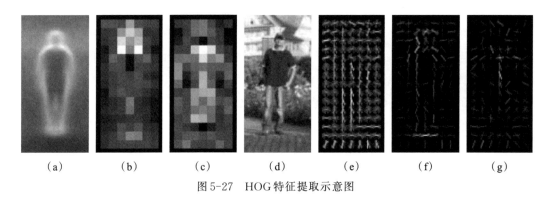

（a）　　　　（b）　　　　（c）　　　　（d）　　　　（e）　　　　（f）　　　　（g）

图5-27　HOG特征提取示意图

2. 基于HOG特征和AdaBoost分类器的行人检测方法

由于HOG＋SVM的方案计算量太大，为了提高速度，后面有研究者参考了VJ在人脸检测中的分类器设计思路，将AdaBoost分类器级联的策略应用到了人体检测中，只是将Haar特征替换成HOG特征，因为Haar特征过于简单，无法描述人体这种复杂形状的目标。图5-28为基于级联Cascade分类器的检测流程。

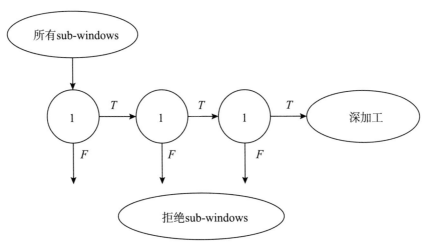

图 5-28　Cascade 分类器的检测流程

图 5-28 中每一级中的分类器都是利用 AdaBoost 算法学习到的一个强分类器,处于前面的几个强分类器由于在分类器训练的时候会优先选择弱分类器,可以把最好的几个弱分类器进行集成,所有只需要很少的几个就可以达到预期效果,计算会非常简单,速度很快,大部分背景窗口很快会被排除掉,剩下很少一部分候选区域或通过后续的几级分类器进行判别,最终整体的检测速度有了很大的提升,相同条件下的预测时间仅有基于 SVM 方法的 1/10。

3. 基于 ICF 特征和 AdaBoost 分类器的行人检测方法

HOG 特征只关注了物体的边缘和形状信息,对目标的表观信息并没有有效记录,所以很难处理遮挡问题,而且由于梯度的性质,该特征对噪点敏感。针对这些问题后面有人提出了积分通道特征(ICF),积分通道特征包括 10 个通道:6 个方向的梯度直方图,3 个 LUV 颜色通道和 1 个梯度幅值,这些通道可以高效计算并且捕获输入图像不同的信息。

在这种方法里,AdaBoost 分类器采用了 soft cascade 的级联方式。为了检测不同大小的行人,作者并没有进行图像缩放然后用固定大小的分类器扫描,而是训练了几个典型尺度大小的分类器,对于其他尺度大小的行人,采用这些典型尺度分类器的预测结果进行插值来逼近,通过这种方法,取消对图像的缩放操作。因为近处的行人和远处的行人在外观上有很大的差异,因此该方案比直接对图像进行缩放精度更高。这一思想在后续的研究中还得到了借鉴。通过用 GPU 加速,这一算法达到了实时,并且有很高的精度,是当时的最优先算法。如图 5-29 所示。

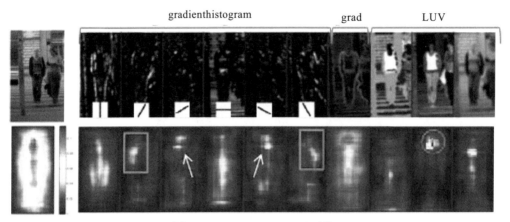

图5-29　ICF＋AdaBoost方法[1]

4. 基于DPM模型和latent SVM分类器的行人检测方法

行人检测中的一大难题是遮挡问题,为了解决这一问题,出现了采用部件检测的方法,把人体分为头肩,躯干,四肢等部分,对这些部分分别进行检测,然后将结果组合起来,使用的典型特征依然是HOG,采用的分类器有SVM和AdaBoost。

DPM(Deformable Parts Models)[2]是一种基于组件的检测算法,DPM检测中使用的特征是HOG,针对目标物不同部位的组件进行独立建模。DPM中根模型和部分模型的作用,根模型(Root-Filter)主要是对物体潜在区域进行定位,获取可能存在物体的位置,但是是否真的存在期望物体,还需要结合组件模型(Part-Filter)进行计算后进一步确认,DPM的算法流程如图5-30所示。

DPM算法在人体检测中取得了很好的效果,主要由于这个方法是基于方向梯度直方图(HOG)的低级特征(具有较强的描述能力)和可变形组件模型的高效匹配算法,另外,该方法还采用了鉴别能力很强的latent-SVM分类器。DPM算法同时存在明显的局限性,首先,DPM特征计算复杂,计算速度慢;其次,人工特征对于旋转、拉伸、视角变化的物体检测效果差。这些弊端很大程度上限制了算法的应用场景,这一点也是基于人工特征＋分类器的通病。

采用经典机器学习的算法虽然取得了不错的成绩,但依然存在很多问题,例如,对于外观、视角、姿态各异的行人检测精度仍不高;提取的特征在特征空间中的分布不够紧凑;分类器的性能受训练样本的影响较大;离线训练时的负样本无法涵盖所有真实应用场景的情况。

① Felzenszwalb P. F. , Girshick R. B., Mcallester D., et. al. Object Detection with Discriminatively Trained Part Based Models[J]. Piscataway, NJ: IEEE, IEEE Transactions on Software Engineering, 2010, 32(9):1627–1645.

② Piotr D., Tu Z., Perona P., et al. Integral Channel Features[C]. London: British Machine Vision Association, British Machine Vision Conference, BMVC, London, UK, September 7–10, 2009.

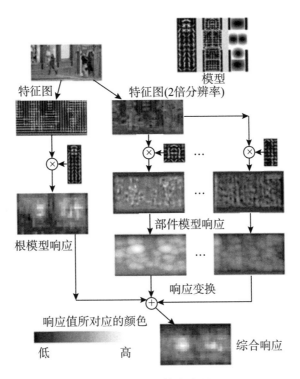

特征图

特征图(2倍分辨率)

模型

根模型响应

部件模型响应

响应变换

响应值所对应的颜色

低　　　　　　高

综合响应

图 5-30　DPM 算法流程

5.4.3　基于深度学习的算法

　　基于背景建模和机器学习的方法在特定条件下可能取得较好的行人检测效率或精确度,但还不能满足实际应用中的要求。自从 2012 年深度学习技术被应用到大规模图像分类以来,研究人员发现基于深度学习学到的特征具有很强层次表达能力和很好的鲁棒性,可以更好地解决一些视觉问题。因此,深度卷积神经网络被用于行人检测问题是顺理成章的事情。

　　基于深度学习的通用目标检测框架,如 Faster-RCNN、SSD、FPN、Yolo 等,这些方法都可以直接应用于行人检测的任务中,相比之前的 SVM 和 AdaBoost 分类器,精度有显著的提升。此章节选取了几种专门针对行人问题的深度学习解决方案进行介绍。

　　1. Cascade CNN

　　如果直接用卷积网络进行滑动窗口检测,将面临计算量太大的问题,因此必须采用优化策略。Cascade CNN 是一种用级联的卷积网络进行行人检测的方案,这借鉴了 AdaBoost 分类器级联的思想。前面的卷积网络简单,可以快速排除掉大部分背景区域,如图5-31所示。之后的卷积网络更复杂,用于精确判断一个候选窗口是否为行人,网络结构如图5-32所示。

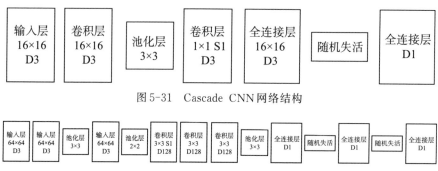

图5-31　Cascade　CNN网络结构

图5-32　候选窗口判断网络结构

通过这种组合,在保证检测精度的同时极大地提高了检测速度。这种做法和人脸检测中的Cascade CNN类似。

2. JointDeep

JointDeep使用了一种混合的策略,以Caltech行人数据库训练一个卷积神经网络的行人分类器。该分类器是作用在行人检测的最后的一级,即对最终的候选区域做最后一关的筛选,因为这个过程的效率不足以支撑滑动窗口这样的穷举遍历检测。JointDeep用HOG+CSS+SVM作为第一级检测器,进行预过滤,把它的检测结果再使用卷积神经网络来进一步判断,这是一种由粗到精的策略,图5-33将基于JointDeep[①]的方法和DPM方法做了一一对应比较。

卷积网络的输入并不是RGB通道的图像,而是作者实验给出的三个通道,第一个通道是原图的YUV中的Y通道,第二个通道被均分为四个block,行优先时分别是U通道,V通道,Y通道和全0;第三个通道是利用Sobel算子计算的第二个通道的边缘。

① Ouyang W., Wang X. Joint Deep Learning for Pedestrian Detection[C]. Piscataway, NJ: IEEE, Proceedings of the 2013 IEEE International Conference on Computer Vision, 2013.

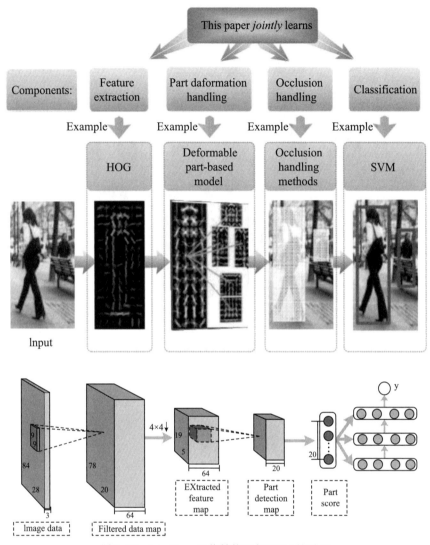

图 5-33　JointDeep 网络结构及与 DPM 的对比

　　另外还采用了部件检测的策略,由于人体的每个部件大小不一,所以作者针对不同的部件设计了大小不一的卷积核尺寸,如图 5-34 所示,Level1 针对比较小的部件,Level2 针对中等大小的部件,Level3 针对大部件。由于遮挡的存在,作者同时设计了几种遮挡的模式。

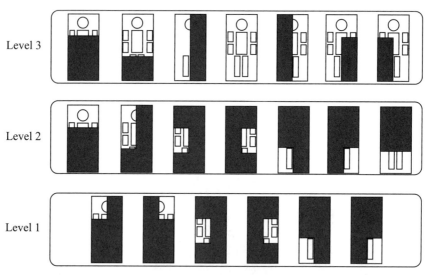

图 5-34　遮挡模式示意图

3. SA-FastRCNN

SA-FastRCNN[①]方法的作者分析了 Caltech 行人检测数据库中的数据分布,如图 5-35 所示,提出了行人尺度问题。行人检测中的小尺度物体与大尺度物体实例在外观特点上非常不同。

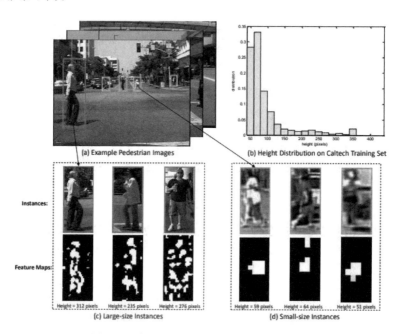

图 5-35　行人检测中实例的尺度分布示意图

① Li J., Liang X., Shen S. M., et. al. Scale-aware Fast R-CNN for Pedestrian Detection[J]. Piscataway, NJ: IEEE, IEEE Transactions on Multimedia, 2017:1-1.

作者针对行人检测的特点将Fast R-CNN进行了改进,由于大尺寸和小尺寸行人提取的特征显示出显著差异,作者分别针对大尺寸和小尺寸行人设计了2个子网络进行检测。利用训练阶段得到的scale-aware权值将一个大尺度子网络和小尺度子网络合并到统一的框架中,利用候选区域高度估计这两个子网络的scale-aware权值,论文中使用的候选区域生成方法是利用ACF检测器提取的候选区域,总体设计思路如图5-36所示。

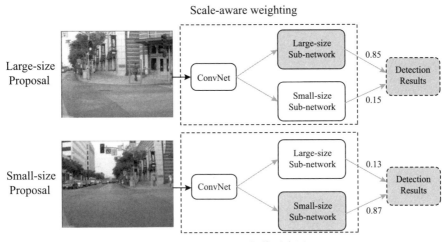

图5-36　scale-aware权值示意图

SA-FastRCNN的架构如图5-37所示。

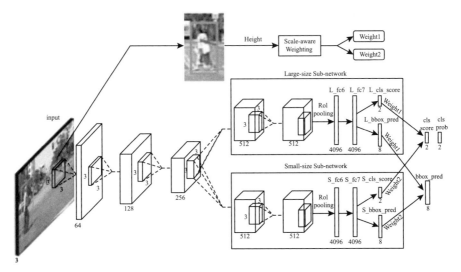

图5-37　SA-FastRCNN网络结构

4. HyperLearner

HyperLearner[①]行人检测算法,改进自 Faster R-CNN。在文中,作者分析了行人检测的困难之处:行人与背景的区分度低,在拥挤的场景中,准确定义一个行人非常困难。作者使用了一些额外的特征来解决这些问题。这些特征包括:Apparent-to-Semantic Channels、Temporal Channels、Depth Channels。为了将这些额外的特征也送入卷积网络进行处理,作者在 VGG 网络的基础上增加了一个分支网络,与主体网络的特征一起送入 RPN 进行处理,如图 5-38 所示。

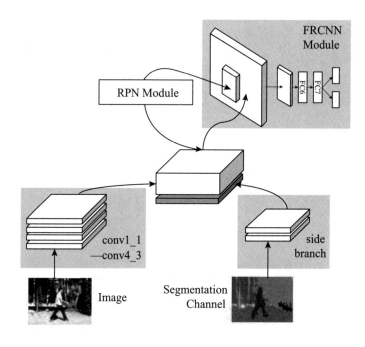

图 5-38　HyperLearner 结构示意图

其他的基本上遵循了 Faster R-CNN 框架的处理流程,只将 anchor 参数做了改动。在实验中,这种算法相比 Faster R-CNN 有了精度上的提升。从上面的介绍也可以看出,与人脸检测相比,行人检测难度要大很多,目前还远称不上已经解决,遮挡、复杂背景下的检测问题还没有解决,因此还需要学术界和工业界的持续努力。

---

① Mao J., Xiao T., Jiang Y., et. al. What Can Help Pedestrian Detection? [C]. Piscataway, NJ: IEEE, 2017 IEEE Conference on Computer Vision and Pattern Recognition (CVPR).

习　题

1. 选择性搜索基于哪几部分的相似度度量方法？

2. R-CNN 为了与 AlexNet 对接而对候选区域图像做了何种操作？

3. Fast R-CNN 对 R-CNN 做了哪些改进？

4. Faster R-CNN 对 Fast R-CNN 做了哪些改进？

5. Mask R-CNN 添加了什么机制取代 RoI Pooling？

6. Mask R-CNN 可以完成哪些任务？

7. Yolo 算法包含哪几部分？

8. 行人检测的主要难点是什么？

识 别

6.1 概 述

计算机视觉的主要分支包含图像分类、图像分割和物体检测,本书的第3、4、5章分别介绍了这三部分的内容。接下来,我们将介绍与应用相关的一些计算机视觉分支:识别、物体跟踪、多目视觉和视觉问答。在本章中我们将介绍识别算法。

6.1.1 识别算法的定义

识别是对计算机视觉基础问题的直接或者改进后的一种应用。本书中的识别指的是从图像或者视频信息中检测出具有语义信息的内容。计算机视觉的目标是让计算机能够像人一样对图像或者视频进行自动理解,主要是理解视觉媒体中的语义信息,从而为进一步处理或者动作提供指导。识别的结果可以是视觉媒体的类别(例如可以进行图像自动归档的图像种类),可以是视觉媒体中包含某些内容的类别(例如拍摄图像所在的场景或者图像中的文字),也可以是视觉媒体中包含的实体(例如通过人脸识别或者走路姿态识别人的身份),甚至可以是视觉媒体中包含物体的位置。

图像识别的任务跟识别问题的应用场景有关,例如自动驾驶中我们不仅需要识别马路上是否有行人,还需要识别出行人距离车辆有多远以及行人是否有在车前行走的行为。而车牌识别应用中,虽然我们对车牌出现的位置不感兴趣,车牌位置对最终的识别却是必要的,因此车牌识别还涉及检测定位问题。

6.1.2 识别算法的分类和发展

我们将识别算法的发展划分为三个阶段:文字识别、物体识别、语义识别。文字识别,也称为OCR(Optical Character Recognition,光学字符识别),是指将物理媒介上的字符自动转化成计算机中表示的文字的过程。OCR的原型最早可以追溯到1917年,Mary Jameson发明了一种可以将字符转化成音符的设备。1974年,Kurzweil Technologies公司的应用能够将识别的字符扩展到一般字体,在此之前机器识别的字符都是经过特殊设计的字符。1992年,Newton MesssagePad公司最先推出了利用智能设备自动处理复杂字符的应用。2006年,Google收购了OCR软件公司Tesseract,并将神经网络技术应用到OCR中。文字识别的应用包括车牌识别、视觉媒体中的文字识别,例如拍照识别文字等。

物体识别是在图像处理的基础上发展起来的基于视觉媒体的应用,其目标是识别场景中的物体,包含媒体中的人、背景等。物体识别可以进一步划分为物体种类识别和物体身份识别。物体种类识别只需要识别出物体属于哪个类别即可,包括行人识别等。物体身份识别不仅需要识别物体类别还需要识别单个的物体,包括人脸识别、行人再识别等。物体身份识别可以应用在门禁系统、乘坐交通工具时的身份确认等。一般情况下,物体识别算法与物体检测算法可以通用,代表的都是从图像中定位和分辨物体类别。如果仔细进行区分的话,物体检测一般只给出物体的位置和类别,物体识别可能还需要对具体个体进行识别(也就是物体的身份)。有关物体检测部分的介绍请参考第5章内容,本章将不对物体识别进行进一步的介绍。

语义识别是最高级别抽象的物体识别,它的目标是从媒体中识别出语义信息。语义信息可以是媒体中各个物体之间的关系,例如为图像生成一段文字描述的应用。语义信息也可以是预先定义好的类别标签,例如给出媒体中所处环境语义信息的场景识别,或者是给出媒体中人所做行为的类别的人体行为识别等应用。接下来,我们将着重介绍几类应用比较广泛的识别算法。

6.2　人脸识别算法

人脸识别算法是计算机视觉的一个非常重要的应用,也是研究时间比较长、应用比较广泛的一个方向。人脸识别算法同指纹、虹膜、步态等共同构成了一个研究方向,称为生物测定学(biometrics),这个研究方向主要是通过对人进行生物测量实现人的身份识别。

经典的人脸识别算法主要有四个步骤:人脸检测、关键点识别、人脸校准和对齐、身份识别。在深度学习对算法进行了改革性的突破之后,计算机视觉领域的很多问题包括人脸识别算法中使用的经典算法都逐步地被端到端的深度学习模型替代。

6.2.1　人脸识别算法发展史

人脸识别是研究历史比较长并且相对成熟的一个研究领域[①]。在大量研究人员的努力下,现在我们可以很简单地利用现有的库进行人脸识别的应用。人脸识别的研究过程中出现了很多标志性的研究成果,其中有一些特别有代表性,是里程碑式的研究成果。

---

① Jain Anil, NandakumarKarthik, Ross Arun. 50 Years of Biometric Research: Accomplishments, Challenges, and Opportunities[J]. Pattern Recognition Letters, 2016:80-105.

1991年,Turk和Pentland提出了Eigenface[①],Eigenface是一种基于整体外观的算法,该算法利用主成分分析将高维的人脸图像映射到低维子空间,将人脸进行降维表示并保存关键的信息。

1997年,Wiskott等人提出了一种基于模型的人脸识别方法:基于弹性束图匹配(Elastic Bunch Graph Matching)方法。基于模型的识别方法构建独立于人脸姿态的二维或者三维模型,将人脸图像中检测到的关键点与预先构建的模型的相对应实现人脸识别。

2001年,Viola和Johns提出了一种实时检测人脸的方法。Viola-Johns人脸检测器具有很好的效果,是人脸识别算法研究史上最著名的工作之一。但是这个算法也存在一定的问题,在处理侧面人脸和光线变化和遮挡的情况时,效果不是特别理想。

2009年,Wright等人[②]提出稀疏表示的方法。2014年,开始出现基于深度学习的方法[③④]。

6.2.2 人脸识别算法

经典的人脸识别算法主要有四个步骤:人脸检测、人脸特征点定位、人脸对齐、身份识别。人脸检测,顾名思义就是对视觉媒体中的人脸进行检测并且定位。检测到的人脸区域一般利用矩形方框进行标注。将检测到的人脸截取出来,并对人脸的特征点进行定位,为进一步的人脸对齐做准备。在人脸对齐这一步中,定位的面部特征点构成了整个人脸的几何结构,通过平移、旋转和尺度变换将需要比对的人脸与数据库中的人脸一一对齐。

6.2.2.1 人脸检测

人脸检测算法,是从视觉媒体中定位人脸的算法。人脸检测可以认为是物体检测的一种特殊的情况,即对人脸这一类特定的物体进行检测。它是人脸识别的第一步,也是非常重要的一步,人脸检测算法的准确率将直接影响接下来的识别精度。Yang等提出人脸检测算法可以划分为基于知识的方法、基于模板匹配的方法、基于特征的方法和基于外观的方法。

(1)基于知识的人脸检测方法利用一组预先定义好的规则检测人脸。例如,人脸

① Matthew Turk and Alex Pentland. Eigenfaces for recognition[J]. Journal of Cognitive Neuroscience, 1991:72-86.

② John Wright, Allen Y. Yang, Arvind Ganesh, S. Shankar Sastry, Yi Ma. Robust Face Recognition via Sparse Representation[J]. IEEE Transactions Pattern Analysis and Machine Intelligence, 2009:210-227.

③ Yi Sun, Xiaogang Wang, Xiaoou Tang. Deep Learning Face Representation from Predicting 10,000 Classes[C]. IEEE Conference on Computer Vision and Pattern Recognition, 2014:1891-1898.

④ Yaniv Taigman, Ming Yang, Marc'Aurelio Ranzato, Lior Wolf. DeepFace: Closing the Gap to Human-level Performance in Face Verification[C]. IEEE Conference on Computer Vision and Pattern Recognition, 2014:1701-1708.

上有一个鼻子、两个眼睛和一张嘴,并且这些器官之间有一定的距离和相对位置关系。这类方法的难点在于如何建立一套有效的规则。如果规则太一般化或者太具体,就很容易发生检测错误。单纯地使用基于知识的人脸检测方法并不能完全解决人脸检测问题,例如这类方法不能从视频媒体中检测到多个人脸。

(2)基于模板匹配的人脸检测方法将参数化的人脸模板与输入图像进行比对。例如,人脸模型可以由边缘组成,这些边缘可以通过边缘检测方法得到。预先定义好的人脸模板比较容易实现,但是他们的检测效果不是非常理想,因此人们又提出了可变性的人脸模板。

(3)基于特征的人脸检测方法通过提取面部的结构性特征对人脸进行定位。基于特征的方法首先需要训练一个分类器,然后利用训练好的分类器去区分某个图像区域是否是人脸。这类方法的准确率比较高,即使对于多个人脸的情况都可以达到94%的准确率。

(4)基于外观的人脸检测方法利用一个具有代表性的训练数据集合学习人脸的外观并且构成一个人脸模型。基于外观的人脸检测方法比其他类别的方法效果都要好。通常基于外观的人脸检测方法利用统计学分析或者机器学习算法寻找人脸图像的共同特性。这类方法在人脸识别中也被用来进行特征提取。基于外观的人脸检测方法可以进一步区分成很多子类别。

(1)基于特征脸的方法利用主成分分析(Principle Component Analysis)的方法表示人脸。

(2)基于分布的方法利用主成分分析和Fisher判别式定义表示面部模式的子空间。基于机器学习方法中训练好的分类器用于区分人脸模式和背景模式。

(3)基于神经网络的方法中采用神经网络训练好的模型实现人脸识别。网络功能类似于物体检测,实现从图像中定位人脸的功能。

(4)基于支持向量机的方法采用支持向量机学习人脸和非人脸特征之间的超平面并对新的图像识别其是否是人脸。

(5)基于稀疏网络的方法(Sparse Network)定义了一个由线性单元组成稀疏网络,这些线性单元的输入可以是通用的预先定义好的特征,也可以是不断获取的特征。

(6)基于朴素贝叶斯的方法通过计算一系列人脸模式在训练数据中出现的频率来表示人脸出现在图像中的概率。这类人脸分类器可以学习到局部外观和人脸位置的联合分布。

(7)基于隐马尔可夫模型的方法中将面部特征表示成模型中的状态。

(8)基于信息理论的方法利用马尔科夫随机场(Markov Random Fields)表示人脸模式和相关特征。

(9)基于归纳学习的方法包含C4.5和FIND-S等方法。

接下来,我们将结合实例学习一下如何利用现有的模型进行人脸检测。我们的实例将利用 OpenCV 计算机视觉库和现有的深度学习模型来检测图像中的人脸,我们可以很简单地将检测方法修改成基于摄像头的实时检测方法①,这里我们将不进行介绍。

OpenCV 库支持很多类型的深度学习框架,包括 Caffe、TensorFlow、Torch/PyTorch 等。我们的例子将采用 Caffe 框架下训练好的人脸识别模型和参数。OpenCV 的深度人脸检测器融合了 SSD(Single Shot Detector)框架和基于 ResNet 的基准网络。深度学习模型的结构描述存储在 prototxt 文件中,模型中每层神经元的权重参数存储在 caffemodel 文件中。我们将训练好的模型载入之后,就可以利用神经网络的正向传播算法计算模型的输出作为是否为人脸的估计。图 6-1(a)给出了两个检测实例,我们利用上述模型对现实生活中的人脸图像进行检测,将得到的检测结果绘制在原图像上。检测到的人脸用一个方框框起来。方框的左上方的百分比数字 99.99% 和 98.03% 表示的是该检测的置信度。因为图像(a)中的人脸是正面面对摄像头并且没有遮挡的,所以检测的置信度比较高。如果人脸相对于摄像头不是完全正面,而且侧向旁边,置信度会降低(如图 6-1(b)所示)。基于深度学习的方法与基于特征的方法(例如 OpenCV 的基于 Haar 特征的级联分类器)相比,对于人脸的角度更加具有鲁棒性。在使用基于 Haar 特征的级联分类器时,侧面人脸很容易就被漏掉。

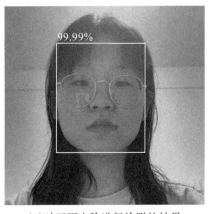

(a)对正面人脸进行检测的结果　　　　　(b)对侧面人脸进行检测的结果

图 6-1　人脸图像检测结果示意图

6.2.2.2　人脸特征点定位

人脸特征点主要是指眼睛、眉毛、鼻子、嘴、下颌的轮廓上的点。成功定位人脸特征点可以为进一步的人脸对齐、人脸姿态估计、眨眼检测等应用做准备。我们将利用

---

① https://www.pyimagesearch.com/2018/02/26/face-detection-with-opencv-and-deep-learning/

dlib库定位人脸特征点,dlib库采用的方法是Kazemi和Sullivan在2014年提出的方法。该方法将面部特征之间的相对位置关系作为先验知识,并采用图像中标定好的面部特征点位置训练回归树。该方法总共考虑68个特征点,每个特征点都由一个二维坐标(x,y)表示,代表这个特征点在人脸上的位置。图6-2给出了人脸特征点检测结果的实例,其中,检测到的人脸用方框框出,人脸上的特征点使用圆点进行标注。

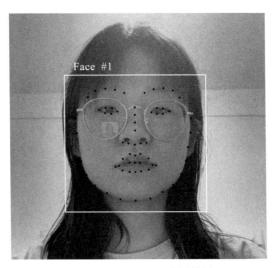

图6-2　人脸特征点检测结果

6.2.2.3　人脸对齐

基于定位的人脸的特征点,可以利用平移、尺度变换和旋转获得对齐的人脸,从而辨认人脸的几何结构。人脸对齐的目标是将特征点的输入坐标空间转化到输出的坐标空间,使得对齐后的人脸位于图像的中心、两只眼睛的连线是水平线并且将人脸进行尺度归一化(大小基本相同)。

人脸对齐的方法有很多,有的方法将预先定义好的三维模型与图像进行匹配并对输入图像进行变换从而使得输入图像中的人脸与三维模型上的人脸特征点相匹配;还有的方法直接利用人脸特征点获得旋转、平移和尺度标准化的人脸。很多人脸识别的算法都需要在对齐后的人脸图像上进行操作。

接下来,我们将结合一个实例介绍人脸对齐的应用和效果。图6-3给出了利用Python库imutil[①]进行人脸对齐的结果。(a)和(c)是从输入图像中检测到的人脸区域,(b)和(d)是对抠取的人脸图像进行对齐之后的结果。从对齐前后的对比我们可以看出,人脸对齐将检测到的人脸区域进行变换使得眼睛和嘴位于图像中的特定位置从

---

① https://github.com/jrosebr1/imutils

而完成不同图像间的对应。

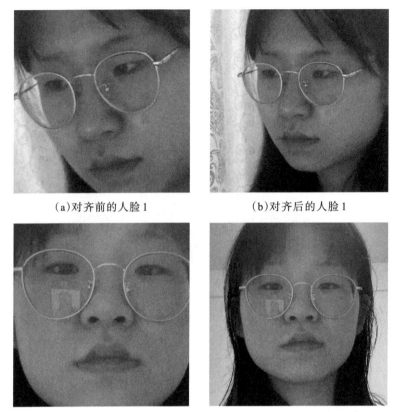

（a）对齐前的人脸 1　　　　　　　　（b）对齐后的人脸 1

（c）对齐前的人脸 2　　　　　　　　（d）对齐后的人脸 2

图 6-3　人脸对齐的效果图

6.2.2.4　人脸身份识别

我们将利用对齐后的人脸图像进行人脸身份识别,最快捷的方法是将对齐后的未知人脸与数据库中已经标定好身份的人脸直接进行比较,如果发现未知人脸与数据库中某个标定好的人脸很相似,则认为是同一个人。这种方法虽然实现简单,但是如果标定数据库中的人脸很多的时候,对数据库中所有图像进行比对会耗费大量的时间。为了解决这个问题,我们可以对人脸进行降维处理,将人脸嵌入一个低维空间,这个低维空间中,保持了原始图像空间中的人脸身份特性:同一个人的人脸在这个空间中距离很近。通过人脸嵌入可以实现快速人脸身份识别[1]。

基于深度学习的人脸嵌入方法在训练过程中需要三幅输入图像,其中两幅图像

---

[1] https://medium.com/@ageitgey/machine-learning-is-fun-part-4-modern-face-recognition-with-deep-learning-c3cffc1 21d78

是同一个人不同角度的照片,另一幅图像是不同人的照片。将这三幅照片都利用网络嵌入128维,调整网络参数使得同一个人的两幅照片嵌入后的向量距离更近,另外一个人的照片嵌入距离这两幅照片的嵌入更远。在测试阶段,我们将测试图像采用训练好的网络参数进行嵌入表示,并与数据库中标准的人脸嵌入表示进行比对,测试图像的标签同数据库中最相似的人脸的身份相同。图6-4给出了利用face recognition库[①]的人脸识别方法对包含未知身份的人脸进行检测的结果图。数据库中包含三个人的人脸训练数据:陈乐、白婷婷和宫文娟。利用四幅测试图片进行测试,设置距离容忍度为0.35,可以得到如图6-4所示的识别结果。

(a)陈乐的人脸识别结果

(b)白婷婷的人脸识别结果

(c)黄美兰和宫文娟的人脸识别结果

(d)宫文娟和高风华的人脸识别结果

图6-4 基于嵌入的人脸识别结果

在使用在线人脸身份识别系统时,通常不仅需要比对身份,还需要对使用系统的用户进行活体检测,目的是避免使用者通过照片或者视频伪造身份。目前的活体检测方法主要是完成系统规定的头部运动和面部运动,例如摇头、旋转头部或者是眨眼等。

---

① https://github.com/ageitgey/face_recognition

6.3 人体姿态识别算法

人体姿态识别是计算机视觉领域过去几十年内备受关注的一个问题,对图像和视频中人类行为的自动理解起着非常重要的作用。人体姿态估计算法解决如何从图像或者视频中定位单个或多个人的身体部分位置,估计结果一般用点标注各个关节点的位置或者用直线标注身体部分的位置。

根据估计的人体姿态的维度可以把人体姿态估计问题分为二维人体姿态估计和三维人体姿态估计。从图像中定位人的身体部分或关节点位置是二维人体姿态估计的研究范畴。三维人体姿态估计问题研究的是如何估计人身体部位或人体关节点的三维空间位置和空间连接结构。

人体姿态识别算法的输入数据包含很多种类型,有 RGB 图像、深度图像等。其中,最常见的输入数据类型是 RGB 图像,基于 RGB 图像的人体姿态识别与基于其他类型输入数据的识别算法相比,适应范围更广,通过普通的摄像头就可以获取大量的RGB 图像或者视频。基于深度图像的人体姿态识别虽然需要特别的拍摄设备,但是因为深度图像弥补了 RGB 图像由于深度信息丢失产生的问题,因此算法准确率更高。微软公司生产的 Kinect 摄像头就是通过捕捉深度信息对人体姿态进行估计从而控制虚拟人物进行游戏。

人体姿态估计算法的输入还可以分为图像和视频,在处理视频数据时,最简单直接的方法是将视频分割成连续的图像帧,利用基于图像的人体姿态估计算法分帧进行处理,也可以利用视频中的时序信息进行人体姿态识别,图像中身体部位相互遮挡的问题也可以得到一定程度的缓解,因为某帧图像中被遮挡的身体部分有可能在其历史帧或者未来帧中出现。

根据图像或视频中人的数量,人体姿态识别可以分为单人人体姿态识别和多人人体姿态识别。多人人体姿态识别并不是简单地识别多个单人的人体姿态,因为视频媒体中的多个人可能存在互相遮挡的情况。

6.3.1 人体姿态识别算法发展史

接下来,我们学习一下人体姿态识别算法的发展史上几个里程碑式的工作。2005 年,Pedro Felzenszwalb 等[①]提出图结构模型(Pictorial Structure),在图结构模型中,人体部分被表示成长方形,人体姿态是通过这些长方形的身体部分按照一定的相邻关系进行链接的。

[①] Pedro Felzenszwalb, Daniel Huttenlocher. Pictorial Structures for Object Recognition[J]. International Journal of Computer Vision, 2005, 61:55 – 79.

树型结构进行人体建模的优点是在回溯时具有唯一解，即一旦人在图片中的位置确定后人体各个身体部分的位置也可以唯一确定。2011年，Yi Yang和Deva Ramana[1]提出的身体部分混合模型的方法就采用了树型模型。

深度姿态（DeepPose）[2]是最早出现的成功地利用深度学习进行人体姿态估计的算法之一。DeepPose将姿态识别建模成基于卷积神经网络（CNN）的回归问题，其输入为图像，输出为身体关节点的位置。Iterative Error Feedback方法[3]也是基于类似的思想，但是本方法不是针对身体部位而是针对身体部位估计误差进行回归预测，根据检测到的身体部分和已知的身体部分之间的关系即可确定人体姿态。这类方案一般通过检测定位身体部分，然后再将身体部分组合成估计的人体姿态，在组合成人体的过程中一般需要用到人体模型的先验知识。

除了上述将人体姿态表示成身体部分或者关节点位置信息的方法，还有一类方法将人体姿态表示成热图。这类方法一般通过检测定位身体部分，然后再将身体部分组合成估计的人体姿态，在组合成人体的过程中一般需要用到人体模型的先验知识。例如，关节点的概率。Jonathan Tompson等在[4]中提出利用卷积神经网络（ConvNet）计算热图并对关节点定位，然后将定位的关节点周围区域提取出来进行进一步识别。

6.3.2　人体姿态识别算法

人体姿态识别算法一般由预处理、特征提取、训练和推断（Inference，即用训练好的模型进行估计）、后期处理等步骤构成。预处理步骤主要包含背景移除、人体包围盒计算等。在特征提取步骤，对包含人的图像区域提取特征，可以是手工定义的特征，例如梯度直方图（Histogram of Oriented Gradients，简称HOG）和尺度不变特征（Scale Invariant Feature Transform，简称SIFT）等，也可以是由深度学习网络产生的端到端的特征表示。在训练和推断阶段，我们将利用机器学习模型学习从提取特征到人体姿态表示的对应关系并利用学习好的模型对新的数据进行姿态估计。后期处理阶段主要负责去除非自然的人体姿态估计，从而保证估计的人体姿态具有合理性。在几乎所有的方法中，都需要对人体建立模型并作为整个系统的先验知识。接下来，

① Yi Yang, Deva Ramanan. Articulated Pose Estimation with Flexible Mixtures-of-parts[C]. IEEE Conference on Computer Vision and Pattern Recognition, 2011:1385-1392.

② Alexander Toshev, Christian Szegedy. DeepPose: Human Pose Estimation via Deep Neural Networks[C]. IEEE Conference on Computer Vision and Pattern Recognition, 2014:1653-1660.

③ Joao Carreira, Pulkit Agrawal, Katerina Fragkiadaki, Jitendra Malik. Human Pose Estimation with Iterative Error Feedback[C]. IEEE Conference on Computer Vision and Pattern Recognition, 2016:4733-4742.

④ Jonathan Tompson, Ross Goroshin, Arjun Jain, Yann LeCun, Christoph Bregler. Efficient Object Localization using Convolutional Networks[C]. IEEE Conference on Computer Vision and Pattern Recognition, 2015:648-656.

我们将详细介绍这些具体步骤。

6.3.2.1　人体模型

人体姿态估计算法一般需要提前定义人体模型作为先验知识。通过定义人体模型，可以将人体姿态估计问题转化成对人体模型参数的估计问题。早先出现的人体姿态估计算法中，有的方法利用几何形状表示人体部分[1]，包括长方形、圆柱体等。图6-5(a)给出了一个利用长方形表示身体部分的人体模型的实例，图结构模型(Pictorial Structure)的提出是人体姿态识别算法研究历史上非常重要的里程碑。后来，研究人员又提出了人体姿态估计算法领域里程碑式的模型：身体部分混合模型(Mixture of Parts Model)，身体部分模型学习人体不同身体部分的外观，对同一个身体部分在不同姿态时的外观进行学习，形成该部分的混合模型，所有的身体部分外观组成了人体。图6-5(b)给出了身体部分混合模型的表示。

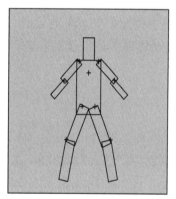 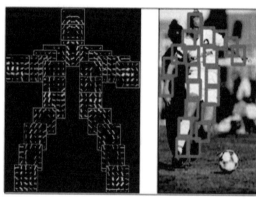

(a)图结构模型　　　　　　　　　(b)身体部分混合模型

图6-5　人体模型实例

大部分的人体姿态估计算法使用的是由关节点连接的骨架表示的刚性动力学模型，其中，关节点的个数一般在十几个到三十几个之间。动力学模型可以表示成图，图中的结点对应每个身体关节点，图中的边对应关节之间的连接，一般对应人体关节点之间通过身体部分实现。

6.3.2.2　预处理和特征提取

人体姿态识别预处理将去除图像或者视频中的无用信息，包含背景和噪音。然后，将图像或者视频中的每一个人进行检测并用矩形区域进行提取，尤其是在多人人

---

[1]　Pedro Felzenszwalb, Daniel Huttenlocher. Pictorial Structures for Object Recognition[J]. International Journal of Computer Vision, 2005, 61:55 - 79.

体姿态估计算法中,通常需要分别将每个人进行定位和提取。

特征提取在机器学习方法中的作用主要是从原始数据中提取出对识别起关键作用的特征,从而达到对输入信息进行降维表示的目的。在人体姿态估计算法中,主要使用的特征提取方法包括梯度直方图(HOG)和尺度不变特征(SIFT),这两个特征的具体提取方法都在第2章中进行了介绍。目前使用的主流方法采用的都是基于深度学习的特征提取方法。在基于深度学习的方法中,网络给出了端到端的特征提取的方法。我们不需要再利用手工定义的特征提前定义特征的提取方法,只需要通过目标函数和优化方法,让网络自动学习对目标有用的特征。

6.3.2.3　训练、推断和后期处理

基于机器学习模型进行人体姿态估计的方法通过标注数据学习图像特征和人体形态之间的对应关系。在将训练数据送给机器学习模型之前,需要先将人体姿态进行表示。人体姿态的表示通常有两种方法:

(1)将人体姿态表示成它在二维空间或者三维空间中的位置信息,每个身体部分或者是关节点,都有一个二维或者是三维的坐标位置进行表示。例如二维人体姿态的表示,二维人体姿态的一种比较直接的表示方法是人体重要关节点位置的序列 $y = [y_1^1, y_2^1, \cdots, y_1^j, y_2^j, \cdots, y_1^m, y_2^m]$,其中,$y_i^j$ 表示第 j 个关节点的第 i 维信息。

(2)人体姿态也可以通过热度图表示,热图表示的是图中像素是某个身体部分(或关节点)的概率。

利用机器学习模型学习特征到人体姿态的对应关系主要有两类方法,一类是自底向上的方法,另一类是自顶向下的方法。在自底向上的方法中,通常需要先检测身体部位或者是关节点位置,然后将属于一个人的身体部分或者关节点连接起来。例如,首先预测所有的身体部分或者是关节点,然后把这些节点表示成图中的节点,通过对图中的节点进行分类划分成子图,每一个子图对应一个人体姿态估计的结果。第二类方法是自顶向下的方法,在自顶向下的方法中,首先将单个的人从原始图像中划分出来,然后,利用人体姿态估计方法对每一个包含人的图像区域进行处理,并进行人体姿态估计。

自顶向下的方法可以划分成为基于身体模型的产生式方法和基于深度学习的方法。在基于身体模型的产生式方法中,需要将人体模型与图像进行一一对应,以便计算得到最终的人体姿态估计,得到人体姿态是有物理意义的。基于深度学习的方法直接预测关节点位置信息,却不考虑人是不是能够做出这些姿态,因此基于深度学习的方法并不保证最后估计的姿态是人能够实现的。

很多人体姿态估计的方法,包括自底向上的方法和自顶向下的方法,需要一个后期处理模块。后期处理的主要功能是去除一些不自然的人体姿态估计结果,通过机

器学习模型学习每个人体姿态的可能性,如果前面的算法估计的人体姿态分数过低的话就认为这个姿态是不合理,可以将它拒绝掉。图6-6给出了基于OpenPose的人体姿态检测实例。

图6-6　基于OpenPose的人体姿态检测实例

6.4　人体行为识别算法

人体行为识别在智能家居、智能视频监控系统中都有广泛的应用。人体行为识别主要是从视频中识别人的动作,也有一些研究关注从图像中进行人体行为识别。视频比图像包含更丰富的信息,例如时序信息,而且有的行为只能通过包含时序信息的输入进行识别,例如蹲下和站起来这两个动作相同但是动作顺序不同的行为只能通过动作的前后顺序进行识别。

人体行为识别的通常被作为分类问题进行解决,即把行为标签作为类别对分段的视频进行标注。人体行为识别与人体姿态识别关系非常密切,我们可以利用人体姿态识别的结果辅助行为识别,也可以利用人体行为识别的结果为人体姿态识别提供先验知识。

6.4.1　人体行为识别算法发展史

人体行为识别算法发展史[1][2]上出现了很多有代表性的重要工作。最初的很多

① 单言虎,张彰,黄凯奇.人的视觉行为识别研究回顾、现状及展望[J].计算机研究与发展,2016,53(1):93-112.

② Michalis Vrigkas, Christophoros Nikou, Ioannis A. Kakadiaris. A Review of Human Activity Recognition Methods[J]. Frontiers in Robotics and AI, 2015, 2(28).

工作都是基于人体轮廓信息的。2001 年，Bobick 和 Davis[①]利用人体轮廓信息计算运动历史图（MHI）和运动能量图（MEI）来表示人体行为，从而进行识别。2007 年，Gorelick 和 Blank 同样利用提取的人体轮廓信息在时间上的累积计算时空体（space-time shapes），并进行进一步的识别。

上述两种方法提取的特征都是全局特征。也有对视频提取局部特征信息的。2005 年，Dollar 和 Rabaud[②]提出基于时空兴趣点的特征提取方法，这种基于局部特征的特征表示方法可以同词袋或者是 Fisher 向量表示方法相结合完成进一步的识别任务。

同计算机视觉其他领域一样，深度学习对人体行为识别领域也产生了深远的影响。2018 年，Hara[③]通过将二维卷积处理扩展到三维空间的方法将处理图像的深度学习网络框架拓展到视频处理上。接下来我们将学习这些方法的主要思想和实现步骤。

6.4.2　人体行为识别算法

6.4.2.1　基于轮廓的人体运动信息

最早出现的人体行为识别方法主要利用去除背景之后的人体轮廓作为主要特征的。例如运动能量图（Motion-Energy Image，简称 MEI）和运动历史图（Motion-History Image，简称 MHI）就属于这种类型。MEI 表示的是运动在哪个部位发生过。MHI 是在行为发生的时间段上对人的轮廓进行累积得到的，不仅体现动作发生的位置还能体现动作发生的时间顺序。图 6-7 给出了坐下、挥舞手臂和蹲下三个动作提取的 MHI 特征。

---

① Aaron F. Bobick, James W. Davis. The Recognition of Human Movement using Temporal Templates[C]. IEEE Transactions on Pattern Analysis and Machine Intelligence, 2001, 23(3):257-267.

② Piotr Dollár, Vincent Rabaud, Garrison Cottrell, and Serge Belongie. Behavior Recognition via Sparse Spatio-temporal Features[C]. International Conference on Computer Communications and Networks, 2005:65－72.

③ Kensho Hara, Hirokatsu Kataoka, Yutaka Satoh. Can Spatiotemporal 3D CNNs Retrace the History of 2D CNNs and ImageNet[C]? IEEE Conference on Computer Vision and Pattern Recognition, 2018:6546-6555.

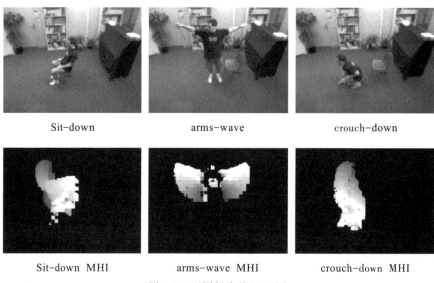

| Sit-down | arms-wave | crouch-down |
| Sit-down MHI | arms-wave MHI | crouch-down MHI |

图6-7　不同行为的MHI图

6.4.2.2　基于三维时空体的特征

相比于MHI和MEI这类包含时间信息的二维特征，时空体（Space-Time Shapes）[①]这类三维特征更加接近于人类对行为的理解。它不仅保留了运动的时间信息，还将不同时刻的特征分别进行表示。图6-8给出了对三种不同的行为提取时空体特征的结果图。从图示中我们可以看出，每个时空体特征都可以表示成一个卷，它代表的是这个行为在时空坐标中经过的区域。

图6-8　"跳跃"、"行走"和"奔跑"的三维时空特征表示

6.4.2.3　基于时空兴趣点的特征

时空兴趣点（Spatial Temporal Interest Point，简称STIP）提取视频时空中运动发生突变的特征点，每个特征点都对应一个包含一定时空区间的三维时空立方体，把这

---

① Moshe Blank, Lena Gorelick, Eli Shechtman, Michal Irani, and Ronen Basri. Actions as Space-time Shapes[C]. IEEE International Conference on Computer Vision, 2005:1395-1402.

些立方体按照类型进行分类,然后可以将包含行为的视频表示成时空兴趣点类型的直方图,并基于这些直方图实现人体行为分类。

6.4.2.4　基于三维 ResNet 的人体行为识别

同其他的计算机视觉问题一样,人体行为识别算法有基于特征提取和分类器的经典方法,也有基于深度学习的端到端的学习方法。最直接的方法是将处理图像的神经网络模型(例如 ResNet, ResNeXt, DenseNet 等)中的二维卷积操作扩展到三维,使其能够处理视频信息。基于三维 ResNet 模型进行人体行为识别的端到端方法就给出了很好的效果,我们将结合实例演示该模型的识别效果。图 6-9 给出了一个检测结果示意图,图中的行为被识别成"digging"行为类别,与图中人的行为相符合。

图 6-9　基于 k.Hara 等[①] 提出模型的人体行为识别结果

习　题

1. 收集一个人脸数据库,将数据库划分为训练数据和测试数据,对训练数据中的人脸身份进行标注,并基于嵌入的方法计算每个测试数据与训练数据中所有人的距离,并对测试数据中包含的人的身份进行识别。

2. 人体姿态的表示方法有哪几种类型? 分别是如何进行表示的?

3. 收集5幅包含人体不同姿态的图片,利用训练好的人体姿态估计模型,对这5幅图片中包含的人体进行姿态识别。

4. 收集1个包含人的视频,利用好的人体行为识别模型,对这个视频中包含的人体行为进行识别。

---

① Kensho Hara, Hirokatsu Kataoka, Yutaka Satoh. Can Spatiotemporal 3D CNNs Retrace the History of 2D CNNs and ImageNet?[C]. 2018 IEEE/CVF Conference on Computer Vision and Pattern Recognition, Salt Lake City, UT, 2018: 6546–6555.

目标跟踪

7.1　概　述

7.1.1　目标跟踪的定义

目标跟踪[1,2,3,4]是利用视频或图像序列的上下文信息对目标的表观和运动信息进行建模,从而预测目标运动状态并确定其位置。简单来说,目标跟踪就是在连续的视频序列中,获取目标位置关系从而建立完整的运动轨迹,一般是给定目标在第一帧图像中的位置边框,计算其在后续若干帧图像中的位置。在运动过程中,目标可能会呈现一些视觉上的变化,比如姿态、形状、尺度、遮挡、亮度等变化,目标跟踪算法围绕着解决这些变化展开。随着计算机处理能力的飞速提升,目标跟踪问题得到了越来越多的关注,各种基于目标跟踪的民用和军用系统纷纷落地,广泛应用于智能视频监控、智能人机交互、智能交通、视觉导航、无人驾驶等领域。

7.1.2　目标跟踪的分类

根据跟踪目标数目的不同,目标跟踪可分为单目标跟踪和多目标跟踪。下面依次介绍这两种目标跟踪方法。

1. 单目标跟踪

单目标跟踪按照目标建模方式的不同可以分为生成类方法和判别类方法。生成类方法首先对目标建立表观模型,然后在视频中搜索与目标对象相似度最高的区域作为目标区域,算法主要对目标自身特征进行细致描述,一般忽略了背景信息的影响,在目标特征变化或者出现遮挡等情况下容易导致跟踪失败。判别类方法通过建立分类器模型对目标对象和背景信息进行区分,从而实现目标在视频中的搜索跟踪,由于判别类方法实现了背景信息建模,所以在目标跟踪时表现更为鲁棒,目前已经成

① 戴凤智,魏宝昌,欧阳育星,金霞.基于深度学习的视频跟踪研究进展综述[J].计算机工程与应用,2019(10):16-29.

② 李玺,查宇飞,张天柱,崔振,左旺孟,侯志强,卢湖川,王菊子.深度学习的目标跟踪算法综述[J].中国图象图形学报,2019(12):2057-2080.

③ 孟琭,杨旭.目标跟踪算法综述[J].自动化学报,2019(07):1244-1260.

④ 卢湖川,李佩霞,王瑶栋.目标跟踪算法综述[J].模式识别与人工智能,2018(01):61-76.

为目标跟踪的主流方法。

2. 多目标跟踪

多目标跟踪一般是针对特定类别的多个对象的跟踪,涉及各个对象的出现、遮挡、分离等情况,多目标跟踪与单目标跟踪看起来只是对象数量上的差异,但它们采用的方法差别很大。具体而言,单目标跟踪关注如何对目标进行重定位,而多目标跟踪往往更加关注如何对已检测到的目标进行精准匹配。多目标跟踪一般需要建立表观模型和运动模型,表观模型主要是对目标的整体外观特征建模,从而尽可能将目标与背景分离,运动模型主要是对目标的运动特性建模,通过对视频上下文信息建模来获取目标的运动轨迹。

早期的目标跟踪算法主要分为两类。

(1)基于特征建模的目标跟踪,通过对目标的表观特征建模,然后在视频中搜索目标,常用方法包括区域匹配、特征点跟踪、光流法、主动轮廓跟踪等,以特征匹配方法为例,首先提取目标特征 SIFT、SURF、Harris 等,然后在后续帧中找到最相似的特征进行目标定位。

(2)基于搜索的目标跟踪,将预测算法加入跟踪中,在预测区域附近进行目标搜索,减小了搜索范围,常用预测算法有卡尔曼滤波、粒子滤波等。核方法是另一种减小搜索范围的方法,其运用最速下降法,向梯度下降方向对目标模板逐步迭代,直到最优位置,常用核方法包括 Meanshift、Camshift 等。

基于深度学习对视觉对象有较强的特征提取能力以及对目标运动过程的拟合能力,人们开始将深度学习应用到目标跟踪领域,目前在几个主要跟踪数据集上取得最好结果的基本上都是深度学习方法,跟踪性能得到大幅提升。

7.2 目标跟踪方法

7.2.1 基于特征建模的目标跟踪

基于特征建模的方法通过提取目标的特征来构建表观模型,并据此在图像中搜索与模板最匹配的区域作为跟踪结果。下面将从基于光流的目标跟踪、基于稀疏表示的目标跟踪展开介绍。

1. 基于光流的目标跟踪

光流法通过视频序列在相邻帧之间的像素关系,寻找像素的位移变化来判断目标的运动状态,从而实现对运动目标的跟踪。但是,光流法的适用范围需要满足三个假设:光照不变性,即需要图像的光照强度保持几乎不变;空间一致性,即每个像素在不同帧中相邻点的位置不变,这样便于求得最终的运动矢量;时间连续性,即时间的变化不会引起目标位置的剧烈变化,也即相邻两帧之间的目标位移不能太大。

光流法的后续改进方法主要从增强特征表示入手,可以将光流法中的像素换成Harris特征点进行目标跟踪,减少了跟踪像素的数量,使得算法的时空复杂度显著降低。同时相较于普通的像素点,Harris角点特征对目标的描述更具鲁棒性。也可以将光流法与SIFT特征进行融合,通过匹配提取的SIFT特征进行跟踪,能够取得很好的效果。

基于光流的目标跟踪算法由于需要对视频中所有的像素进行计算,使得算法的实时性很差,设计可以缩小计算范围的算法,对于目标跟踪问题具有重大的意义。

2. 基于稀疏表示的目标跟踪

稀疏表示作为一种鲁棒的表达学习方法,不仅数学上理论完备,而且有生物学上的证据支持,在很多计算机视觉应用领域都得到广泛研究,不仅包括图像去噪、图像去模糊、图像超分辨等图像恢复问题,还可以将稀疏表示用于解决目标跟踪中的特征表示问题[1]。假设被跟踪的目标能由目标模板和遮挡模板组成的字典集合稀疏表示,其中目标模板动态更新以捕捉目标在跟踪过程中的变化,而遮挡模板用于描述目标可能遭遇的遮挡,图7-1分别显示了好的和差的候选区域的稀疏表示系数,左侧显示当前视频帧的图像,右侧显示好的和差的候选图像区域的稀疏表示系数。可以看出,好的候选表示系数明显稀疏于差的候选表示系数,这说明稀疏约束有利于定位更好的目标候选,从而获取精确的跟踪结果,如何合理地选择目标模板和遮挡模板建模跟踪目标,以及如何设计快速有效的跟踪算法是这类算法的关键。除了利用稀疏表示对目标的表观建模外,稀疏表示还用于特征提取、特征选择,以及运动状态建模等方面。

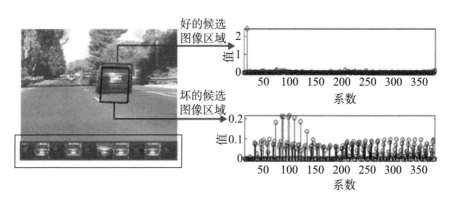

图7-1 候选目标区域在目标模板和遮挡模板组成的字典集合上的稀疏表示系数

① Xue Mei, Haibin Ling. Robust Visual Tracking and Vehicle Classification via Sparse Representation[J]. IEEE Transactions on Pattern Analysis and Machine Intelligence, 2011:2259−2272.

7.2.2　基于判别式模型的目标跟踪

判别式模型同时考虑目标和背景信息,它将目标跟踪建模成分类或者回归问题,目的是寻找一个判别函数将目标从背景中分离出来,从而实现对目标的跟踪。下面我们从基于分类器的目标跟踪和基于相关滤波的目标跟踪两方面入手,简要介绍判别式模型的特点。

1. 基于分类器的目标跟踪

基于判别学习的目标跟踪算法将目标跟踪建模成一个目标与背景的二分类问题,目标跟踪的准确性和稳定性很大程度上依赖于特征空间上目标与背景的可分性。在跟踪过程中,被跟踪的目标和周围背景的表观一般都会发生变化,导致判别性的特征集合也会发生变化。因此,在线建立能适应目标和背景表观变化的判别模型是这类算法的关键。基于判别学习的目标跟踪算法包含基于像素或超像素分类的跟踪,以及基于检测的目标跟踪。基于像素或超像素分类的跟踪算法通过分类当前图像帧中搜索区域内的像素或超像素,形成一个关于跟踪目标的置信图,然后利用 Mean Shift 等模态搜索算法精确定位目标。各类分类器被引入到这类方法中,先后提出了基于支持向量机、AdaBoost、在线随机森林的目标跟踪算法。基于分类器的跟踪算法流程图如图 7-2 所示。

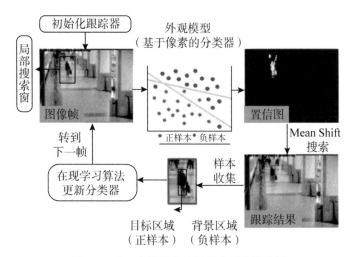

图 7-2　基于分类器的目标跟踪算法流程图

2. 基于相关滤波的目标跟踪

基于相关滤波的目标跟踪的主要思想是使用目标图像训练得到的滤波器对图像进行滤波处理,在响应图像中寻找最大值位置,此位置即是图像中对应的目标位置。在这种情况下可把目标跟踪的过程近似地看成对搜索区域图像进行相关滤波(Correlation Filter)的过程,寻找目标位置也就是寻找滤波器响应图像的最大值位置。

一般通过卷积运算来计算两个信号之间的关系,如果所有的操作都在时域上进行处理,运算量大、实时性差,基于卷积的相关滤波跟踪算法将计算转换到频域,时域的卷积转换为频域的相乘来实现,如果同时利用循环矩阵可以在频域对角化的性质,可以大大减少运算量。基于输出结果的最小均方误差训练滤波器,作用于搜索区域,可以得到响应图像,值越大说明该位置处的图像与初始化目标相关性越大,提高滤波器的准确度和稳定性。

7.2.3 基于深度学习的目标跟踪

下面将从四个方面介绍基于深度学习的目标跟踪方法:基于深度网络的目标跟踪、基于孪生网络的目标跟踪、基于强化学习的目标跟踪、基于深度学习的多目标跟踪。

1. 基于深度网络的目标跟踪

深度学习因其强大的特征提取能力,在视频跟踪领域取得了良好的效果,在常用数据库测试平台上,准确率排名靠前的算法几乎都是基于深度学习的目标跟踪算法,从最初的采用深度网络来提取物体自适应特征,然后融合其他跟踪方式来实现目标跟踪,发展到现在已经能够训练出端对端的深度神经网络模型来直接推测目标位置。下面将从采用的深度网络结构来分别介绍几类目标跟踪算法:卷积神经网络、递归神经网络、生成式对抗网络等。

(1)基于卷积神经网络的目标跟踪。目前基于卷积神经网络的目标跟踪方法分为两种:一种是"离线训练+在线微调";另一种则是构建简化版的卷积神经网络,力求摆脱离线训练,达到完全在线运行的要求。"离线训练+在线微调"是从大量离线训练数据中学习通用特征表示,耗时且特征针对性不强,Zhang[1]等提出了一个轻型的两层卷积神经网络,该网络无需大量辅助数据离线训练就能学到较为鲁棒的特征,Chi[2]等提出了DNT算法,充分利用卷积神经网络提取不同层次特征,实现具有双重网络的目标跟踪算法,为了突出目标的几何轮廓,把卷积神经网络提取的级联特征和拉普拉斯高斯滤波得到的边缘特征整合为粗糙的先验图,再把双重网络的输出和边缘特征整合为混合成分,最后用独立成分分析算法得到精确的特征图。Wang[3]设计了基于全卷积网络的目标跟踪算法(见图7-3),由于浅层特征包含较多位置信息,深层特征包含较多语义信息,该算法分别针对Conv5-3与Conv4-3特征构造捕捉类别信息

---

[1] Kaihua Zhang, Qingshan Liu, Yi Wu, Ming-Hsuan Yang. Robust Visual Tracking via Convolutional Networks Without Training[J]. IEEE Transactions on Image Processing, 2016,25(4):1779-1792.

[2] Zhizhen Chi, Hongyang Li, Huchuan Lu, Minghsuan Yang. Dual Deep Network for Visual Tracking[J]. IEEE Transactions on Image Processing, 2017:2005-2015.

[3] Lijun Wang, Wanli Ouyang, Xiaogang Wang, Huchuan Lu.Visual Tracking with Fully Convolutional Networks[C].IEEE International Conference on Computer Vision, 2015:3119-3127.

的GNet以及区分背景的SNet,然后将选择的特征输入到定位网络中得到热度图,将两个定位网络的热力图进行综合得到最终的跟踪结果。

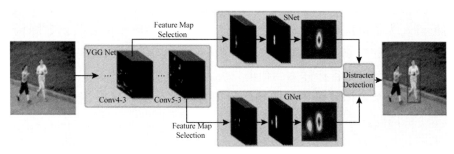

图7-3　基于全卷积网络的目标跟踪算法

尽管基于卷积神经网络的目标跟踪方法已经取得了很大进展,但在时间连续性和空间信息建模方面还有待进一步改善,主要原因有:①每次只能对当前帧的跟踪目标进行建模,没有考虑当前帧和历史帧之间的关联性;②提取出来的深度特征往往随着网络层数的加深变得高度抽象,丢失了目标自身的结构信息;③池化操作会降低特征图的分辨率,损失了目标的空间位置和局部结构信息;④只关注目标本身的局部空间区域,忽视了对目标周边区域的上下文信息进行建模。

(2)基于递归神经网络的目标跟踪。目前基于卷积神经网络的目标跟踪方法都是把目标跟踪建模成分类任务,导致这些跟踪方法很容易受相似物体的干扰,引入递归神经网络提取物体的自身结构信息,结合卷积神经网络增强模型对相似物体的抗干扰能力。SANet[①]使用多个递归神经网络对目标结构进行建模,提高了物体区分相似物体干扰和背景信息的能力,MemTrack引入了具有外部存储功能的动态存储网络,通过更新外部存储单元来适应目标形状的变化,不需要高代价的在线网络微调,网络采用具有注意力机制的LSTM来控制存储块的读写过程和模板的各通道门向量,有助于检索外部存储中最相关的模板,为避免模板更新策略所产生的过拟合问题,采用初始模板和门控残差模板相结合的方法来适应目标形状的变化,提高了跟踪性能。

(3)基于生成式对抗网络的目标跟踪。基于深度分类网络的目标跟踪方法存在以下两个方面问题:①每一帧中的正样本空间上高度重合,不能获取丰富的表观信息;②正负样本的比例严重不平衡,因此出现了基于生成式对抗网络的目标跟踪方

① Heng Fan, Haibin Ling. SANet: Structure-Aware Network for Visual Tracking[C]. IEEE Conference on Computer Vision and Pattern RecognitionWorkshop, 2017:2217-2224.

法,Song[①]等提出 VITAL 对抗学习方法来解决这两个问题。为了增强正样本对形变的鲁棒性,在最后 1 个卷积层和第 1 个全连接层之间引入对抗网络随机生成特征的权重掩码,每 1 个掩码表示一类具体的形变,通过对抗学习能够识别那些长期保留目标形变的掩码。为了解决各类之间的不平衡问题,引入高阶敏感损失函数降低易分负样本对分类网络的影响,其结构图如图 7-4 所示。Wang 等提出的 SINT++使用变分自编码器生成大量与目标样本相似的正样本,解决了正样本多样性不足的问题,同时通过深度强化学习用背景图片遮挡样本图片自动生成难区分正样本,解决了难区分正样本少的问题。

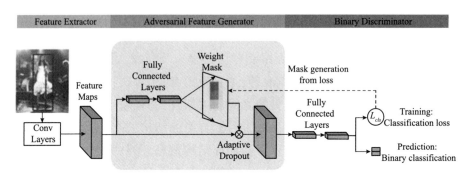

图 7-4　VITAL 生成对抗目标跟踪网络结构图

2. 基于孪生网络的目标跟踪

对于采用深度学习的目标跟踪方法而言,由于计算参数量过于庞大,虽然在精度上有着无可比拟的优势,但是在实际应用以及相关实践上却难以发挥功效。而对于深度学习的方法来说,所耗费的大部分计算时间都集中在在线更新时所需要计算的反向传播的过程上,而离线训练避免微调只计算前向传播的过程所花费的时间在跟踪领域是完全可以接受的,因此同样基于相关性思想的孪生全卷积网络也成了近几年研究的热点方向。针对相关滤波处理模型快速变化能力差,同时其采用循环矩阵所造成的边界效应难以解决,基于深度网络思想,人们提出了交叉相关的思想,使用卷积操作来代替滑动窗口检测。

基于孪生全卷积网络 SiamFC[②]的网络结构用于目标跟踪,如图 7-5 所示,将一对图像通过具有同样结构的两个 CNN 网络得到特征的降维映射,然后通过卷积实现相关性的计算,得到目标位置的响应。在最后的响应图上插值回原图大小实现目标的

①　Yibing Song, Chao Ma, Xiaohe Wu, Lijun Gong, LinchaoBao, WangmengZuo, Chunhua Shen, Rynson Lau, Ming-Hsuan Yang. VITAL: Visual Tracking via Adversarial Learning[C]. IEEE Conference on Computer Vision and Pattern Recognition, 2018:8990-8999.

②　Luca Bertinetto, Jack Valmadre, João F. Henriques, Andrea Vedaldi, Philip H.S. Torr. Fully-Convolutional Siamese Networks for Object Tracking[C].IEEE Conference on Computer Vision and Pattern Recognition, 2018:4864-4873.

定位。同时,SiamFC也采用了跟踪问题中常采用的尺度自适应方法,在3个尺度上达到86FPS,在5个尺度上也达到了58FPS的效果。由于采用了相关性计算的方法和离线训练的方式,避免在线微调,使得网络速度达到了令人满意的效果。

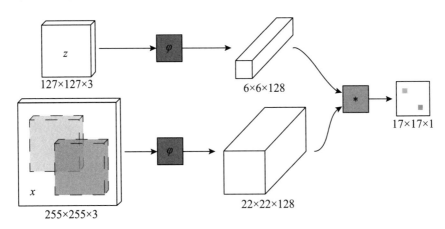

图7-5　SiamFC网络结构图

　　初期的孪生网络在速度上远超实时,但精度上不如结合深度特征的相关方法,随着研究者对孪生网络的不断改进,来自其他领域的功能模块被应用在孪生网络结构中,改进的基于孪生网络结构的跟踪器使用更好的方法取代了传统的多尺度检测,并且使用了更深的网络结构,在精度和速度上追赶结合深度特征的相关滤波跟踪器。

　　3. 基于强化学习的目标跟踪

　　将强化学习的决策策略引入到目标跟踪任务中,以优化深度网络的参数、网络深度,或预测目标运动状态等信息。ADNet[①]采取马尔可夫决策过程的基本策略,将目标移动定义为离散化的动作,特征以及观察的历史状态形成当前状态,认为目标跟踪是一系列动作预测和状态变化的过程。在学习过程中采用深度神经网络并使用基于矩形框交并比的奖惩机制。训练阶段分为监督学习和强化学习两个阶段。在监督学习阶段利用视频序列优化目标位移及尺度变化等动作;在强化学习阶段利用监督学习阶段训练的网络作为初始化,然后采取包含采样状态、动作、激励在内的训练序列进行跟踪仿真。随后2018年提出了一种基于超参数优化的深度连续Q-learning方法,以解决在线目标跟踪中不同视频的模型超参数适应问题;根据跟踪目标的困难程度所依赖的特征复杂度不同,提出了一种自适应的决策过程以学习一个agent来决定采取浅层或更深层的特征,有效地提升了目标跟踪的速度;针对目前目标跟踪数据的标注困难问题提出了一种弱监督的深度化学习算法,仅需要在训练过程中标定是否奖励或惩罚而不需要详细的目标框标注,也可以处理部分标注的情况(即形成部分可

① Yun Sangdoo, Choi Jongwon, YooYoungjoon, Yun Kimin, Young Choi Jin. Action-Decision Networks for Visual Tracking with Deep Reinforcement Learning[C].IEEE Conference on Computer Vision and Pattern Recognition, 2017:1349-1358.

观察的马尔可夫决策过程)。另外,最近一些研究者基于强化学习中的 Actor-Critic 框架提出了相应的目标跟踪算法。Actor 网络利用深度网络优化目标位置,Critic 网络计算预测框的得分并反馈至 Actor 网络,从而根据反馈信息更新模型。相比于传统的深度跟踪算法,该类方法不仅可以较好地自适应于新的环境,而且由于模型推理的候选目标框数量少能够提升目标跟踪的速度。

4. 基于深度学习的多目标跟踪

与单目标跟踪相比,多目标跟踪的研究进展则缓慢得多,可用的数据集并不多,深度学习在该问题上的潜力也尚未被很好地挖掘出来。常见的多目标跟踪算法一般可分为基于检测的跟踪(DBT,Detection-Based Tracking)和无检测的跟踪(DFT,Detection-Free Tracking)。DBT 要求由一个目标检测器首先将每帧图像中的目标检测出来,而 DFT 要求已知每个目标首次出现的位置,再对每个目标分别进行跟踪,这一点可以看作是在同一个视频中进行的多个单目标跟踪。多目标跟踪算法也可分为在线跟踪(Online Tracking)和离线跟踪(Offline Tracking),在线跟踪要求处理每一帧时,决定当前帧的跟踪结果只能利用当前帧和之前帧中的信息,也不能根据当前帧的信息来修改之前帧的跟踪结果。离线跟踪则允许利用之后的帧的信息从而获得全局最优解。显然,离线追踪的设定不太适合实际应用场景,但是以一种批处理的离线跟踪(每次得到若干帧,在这些帧中求全局最优)也是可行的,只是会导致一点延迟。

作为使用深度学习解决多目标跟踪的一次尝试,Anton Milan[1] 等提出了使用 RNN 进行目标状态预测与数据关联的方法,这是第一个尝试以端到端的方式完成在线多目标跟踪的工作。目标的状态预测是一个连续空间,而数据关联又是一个离散空间,如何把这两个问题放到神经网络里是值得深入探究的问题,尤其是数据关联问题存在着诸多限制,比如需要满足输出的结果不能出现一对多的情况。

7.3　目标跟踪数据集

各类数据集的建立直接推动了目标跟踪算法的发展,下面介绍当前使用最多的几个数据集。

(1)OTB50,是一套较为全面的目标跟踪数据库,它由 50 个完全标注的视频序列组成,包含 51 个不同尺寸的目标,总计超过 29000 帧图像。OTB50 标注了 11 种常见的视频属性:光照变化、尺度变化、遮挡、形变、运动模糊、快速运动、平面内旋转、平面外旋转、移出视野、背景干扰和低分辨率,每一帧图像至少含有 2 种标注属性。此外,OTB50 在统一输入输出格式的基础上整合了 29 个流行跟踪算法,便于大规模算法性

---

① Anton Milan, Seyed Hamid Rezatofighi, Anthony Dick, Ian Reid, Konrad Schindler. Online Multi-Target Tracking Using Recurrent Neural Networks[C].AAAI Conference on Artificial Intelligence, 2017:4225 - 4232.

能评估。2015年,OTB50进一步扩展到包含100个视频序列的OTB100,并从中选出50个跟踪难度较大的视频构成TB50。

(2)TrackingNet,由YouTube上的30000多个视频构成,包含了更加广泛的跟踪目标,标注了共计1420万个目标框,该数据库的设计更偏重于挖掘目标的时序信息,使得其更适合开发接近真实世界中的目标跟踪任务。TrackingNet包含各种序列长度的视频,可用来评价短程和长程目标跟踪算法,其中Long-term Tracking in the Wild是专门针对长程目标跟踪算法构建的数据库,共包含14小时的366个视频序列,其中每个视频的平均时长超过2分钟,并带有频繁的目标消失,增加了跟踪难度。

除OTB和TrackingNet外,还有包含128个彩色视频序列的TempleColor128数据集,特意为评估基于颜色信息的目标跟踪算法而建;ALOV++数据集旨在尽可能地囊括现实世界中存在的各种干扰因素,如亮度变化、相似物干扰、遮挡等各种情况;UAV123数据集采用无人机以低空的航拍角度拍摄了123个高清序列;LaSOT数据集不仅标注了目标边框,而且增加了丰富的自然语言描述,旨在鼓励探索结合视觉和自然语言的目标跟踪。

最近一些目标跟踪数据库以竞赛形式得到了充分发展,视觉目标跟踪竞赛VOT从2013年开始举办,至今已连续举办6届。VOT2013仅包含16个视频序列,VOT2014将视频增至25个,并采用多边形区域方式重新标注了样本,较之OTB数据集的对齐标注更准确,VOT2015、VOT2016和VOT2017等进一步扩充到60个视频,并增加了热成像跟踪子系列,VOT2018进一步增加了长程目标跟踪任务。

7.4 目标跟踪评价指标

目标跟踪的评价标准通常包含两个基本参数:中心位置误差和区域重叠面积比率。

中心位置误差是跟踪目标的中心位置和人工标注的准确位置之间的平均像素距离,通常采用一个序列中所有帧的平均中心位置误差来评价跟踪算法对该序列的总体性能。然而,当跟踪器丢失目标时,预测的跟踪位置是随机的,此时平均误差值无法准确评估跟踪器的性能。因此将其进一步扩展为精确度曲线图,统计在不同阈值距离下的成功跟踪比例,并采用阈值为20个像素点所对应的数值作为代表性的精确度评价指标。

区域重叠面积比率计算跟踪算法得到的边界框区域和人工标注边界框区域的交集与并集之比,它解决了中心位置误差无法评价目标在跟踪过程中的尺度变化问题。OTB数据集对该参数进行了扩展,在判定重叠率大于给定阈值,即跟踪成功的前提下,统计了不同阈值下跟踪成功的帧数占视频总帧数的比例作为成功率,最终绘制了阈值从0到1变化的成功率曲线图,并使用曲线下面积(AUC)作为成功率评价指标。

习　题

1. 单目标跟踪与多目标跟踪的本质区别是什么？它们在模型设计方面有何不同？

2. 传统目标跟踪模型是否都有对应的深度学习模型？如果有，请指出其对应关系，如果没有，请解释其原因。

3. 基于特征建模的目标跟踪模型与判别式目标跟踪模型的特点与不同。

4. 各类深度目标跟踪模型的优缺点是什么？试简要阐述目标跟踪的未来发展趋势。

第8章 多目视觉

立体视觉(Stereo Vision)又称为三维视觉,它通过两个或多个相机采集被测目标的图像,并将这些图像调整至同一平面,然后基于其中同一被测特征点所对应像素间的差异来重建三维信息或实现三维测量。研究立体视觉技术,可以将机器视觉系统的应用范围从二维平面扩展到三维环境。

立体视觉被广泛用于三维导航、三维定位、目标追踪和机器人研究等工业领域。例如,双目机器人可以使用三维信息来测量障碍物的尺寸和距离,以进行准确的路径规划。在目标分拣应用中,使用立体视觉系统可以避免部件被遮挡和照明变化对定位的影响,为机器手臂提供精确的目标位置信息。这就使得立体视觉特别适合那些需要机械手从包装箱或其他容器中分拣出某一特定3D对象的应用。立体视觉系统对于亮度变化和阴影可保持不变性,因此还可用于目标追踪、自动驾驶系统障碍物检测等场合。

基于双相机构建的双目视觉(Binocular Stereo Vision)系统是最小的立体视觉系统。它能完成大多数三维场景下的任务,而多目视觉系统可看作是多个双目系统的组合。本章着重介绍多目立体视觉中的图像配准、双目图像融合、多目重建等技术。

8.1 图像配准

图像配准就是将同一个场景的不同图像转换到同样的坐标系统中的过程。这些图像可以是不同时间拍摄的(多时间配准),可以是不同传感器拍摄的(多模配准),可以是不同视角拍摄的。图像之间的空间关系可能是刚体的(平移和旋转)、仿射的(例如错切),也有可能是单应性的,或者是复杂的大型形变模型。

图像配准是图像分析中最重要的步骤之一。这是一个必要的步骤,从不同的环境和不同的方式的来源组合中捕获相同的信息以获取最终的信息。其主要目的是检测输入图像与参考图像之间隐藏的关系,这种关系通常用坐标变换矩阵表示。因此,图像配准本质上可以设计为一个优化问题。图像配准在许多实际应用中起着至关重要的作用。

图像配准在遥感方面如多光谱分类、环境监测、变化检测、图像拼接、天气预报、生成超分辨率图像以及将信息集成到地理信息系统(GIS)中有着广泛的应用;在医学方面,用于包括计算机X线体层照相术(CT)和核磁共振数据以获得更完整的病人信息,综合分析不同的疾病,实现不同疾病的多模态分析,如监测肿瘤进化,治疗验证,并置病人的数据与解剖图集;在地图制图学中,用于地图更新;在计算机视觉中用于目标定位、自动质量控制和运动跟踪。

根据图像采集的方式,可以将图像配准的应用分为以下几类:

(1)多视图分析:从多个视点捕获相似对象或场景的图像,以更好地表示被扫描对象或场景。例子包括图像拼接和从立体视觉中恢复形状。

(2)多时间分析:同一物体/场景的图像在不同的时间被捕获,通常是在不同的条件下,以跟踪在获取的连续图像之间出现的物体/场景的变化。例如运动跟踪,跟踪肿瘤的生长。

(3)多模态分析:利用不同的传感器获取同一物体/场景的图像,将不同来源的信息进行合并,得到物体/场景的细节信息。例子包括集成来自具有不同特征的传感器的信息,提供与光照无关的更好的空间和光谱分辨率;组合传感器捕获的解剖信息,如磁共振影像(MRI)、超声波或CT传感器获取的功能信息,如正电子发射断层扫描(PET),单光子发射计算机断层扫描(SPECT)或磁共振波谱(MRS)研究和分析癫痫、阿尔茨海默病、抑郁症等其他疾病。图8-1显示了一个MEG-MRI联合配准,这是一个多模态配准的例子。

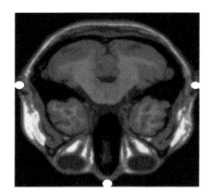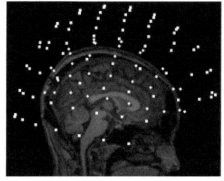

图8-1　多模态MRI-MEG配准

左侧图像中三个标记的点表示大脑图像轴向视图中的解剖标志或基准点(解剖信息)。右侧图像中正方形的点代表脑磁图传感器的位置,十字形的点代表头皮脑电图传感器的位置。这些脑磁图(MEG)和脑电图(EEG)数据包含了功能信息,底部的图像显示了共配的大脑图像(矢状面)。

8.1.1　图像配准步骤

图像配准技术包括特征检测、特征匹配、变换模型估计、图像变换几个步骤。

1. 特征检测

特征检测是图像配准过程中的一项重要任务。检测过程可以是手动的,也可以是自动的,这取决于检测的复杂度,但最好是自动检测特征。封闭边界区域、边缘、轮廓、线交叉点、角及其点代表,如重心或线尾(统称控制点)等都可以作为特征。这些由不同物体组成的特征必须易于检测,也就是说,这些特征在物理上是可解释和可识别的。参考图像的特征集必须与未对齐图像共享足够的公共特征,而不考虑任何不希望的遮挡或未预料到的变化,以便进行适当的配准。检测算法应该足够健壮,能够在不受任何特定图像变形或退化影响的情况下检测场景所有投影中的相同特征。

2. 特征匹配

这一步骤基本上建立了非对准遥感图像中检测到的特征与参考图像中检测到的特征之间的对应关系。除了特征间的空间关系外,还采用不同的特征描述符和相似度度量来建立准确的一致性。即使有任何退化,特征描述符也必须保持不变,同时它们必须能够正确区分不同的特征,同时不受噪声的影响。

3. 变换模型评估

为了使遥感图像与参考图像对齐,需要估计映射函数的参数。这些参数的计算与建立的特征对应从以上的步骤中获得。映射函数的选择性取决于关于获取过程和期望的图像变形的先验知识。在没有任何先验知识的情况下,必须保证模型的灵活性来处理图像变形。

4. 图像变换

利用映射函数对被感知图像进行变换实现对齐。以上所述的步骤是图像配准的一般步骤。但很难发现一种适用于所有配准分配的通用方法,原因在于从各种来源获得的配准图像的多样性以及图像中引入的几种退化类型。除了图像之间的几何变形外,还应考虑图像的辐射变形和噪声腐蚀,以便对图像进行适当的配准。

8.1.2 图像配准方法

1. 外在的方法

在外在的方法(Extrinsic Methods)中,容易检测到的人工异物附着在患者体表。它们作为外部特性用于特性匹配。计算速度快、精度高、复杂度低。例如,标记物粘在病人的皮肤上,或立体定向框架固定在病人的外颅骨上,用于与侵入性神经外科相关的目的。

2. 表面的方法

第二类方法是表面的方法(Surface Methods)。在医学图像中,表面、边界或轮廓通常与地标不同。例如,使用基于表面的方法来记录多模态大脑图像。这些表面匹配算法一般应用于刚体配准。一组点,通常称为点集,是从图像的轮廓中提取出来的。如果考虑两个曲面进行配准,则会有两个这样的集合。表面覆盖较大体积的病人,或若体积覆盖是可比的且具有较高的分辨率的表面,一般可以生成曲面模型。迭代最近点算法和对应匹配算法成功地应用于基于表面技术的配准算法。元启发式和进化优化算法也被视为解决这些表面配准的高维优化问题的方法。

3. 矩量法和主轴法

使转动惯量最小的正交轴称为主轴。在不采用任何仿射变换的情况下把主轴合成到一起从而使两个相同的对象配准。如果对象不完全相同,但是在外观上很相似,那么可以用这种技术近似地配准。采用基于矩的方法进行预分割,在许多情况下得到满意的结果。这类方法称为矩量法和主轴法(Moments and Principle Axes Methods)。

4. 基于相关性的方法

基于相关性的方法(Correlation Based Methods)对于单峰图像的配准和相似物体的多幅图像的比较非常有效。它在医学领域有着广泛的应用,用于分析和治疗疾病。从图像中提取的特征也被用来获得图像配准的互相关系数。基于傅里叶域的互相关和相位相关技术也被用于图像配准。使用基于子空间的频率估计方法来解决基于傅里叶的图像配准问题,使用多种信号分类算法(MUSIC)来增强鲁棒性,最终产生准确的结果。

5. 基于互信息的方法

在基于互信息(Mutual Information Based Methods)的配准方法中,对所考虑的图像中对应的体素强度的联合概率进行了估计,基于互信息的措施被用来帮助基于体素的配准。在特征匹配的步骤中,可以充分利用互信息建立参考点特征与被感知图像之间的对应关系。相关方法如基于灰度和模板的方法已被证明在多模态匹配中效率低下。但是,基于互信息的方法并没有遇到这样的问题,而是在多模态匹配任务中表现出了良好的性能。梯度下降优化方法被用来最大化相互信息。采用基于窗口和金字塔的方法,利用互信息实现图像配准。其他使用的方法包括分层搜索策略和模拟退火以及 Powell 的多维方向集方法。近年来,各种优化方法和多分辨率策略被用来实现相互信息的最大化。

6. 基于小波的方法

引入小波变换来了解某一特定频率存在的时刻。当计算每个光谱分量的变换时,窗口的宽度就会改变——这是多分辨率小波变换最重要的特征。它同时提供了时间和频率选择性,也就是说,它能够在时域和频域内定位属性。小波图像配准(Wavelet Based Methods)是一种有效的图像配准方法。根据多光谱图像的最大绝对小波系数和高分辨率图像的个别波段的小波系数等选择规则,选取若干小波系数,将高分辨率图像的部分小波系数替换为多光谱低分辨率图像的部分小波系数。由于小波分解固有的多分辨率特性,金字塔方法也采用小波分解。利用 Haar、Symlet、Daubechies 和 Coiflets 等不同类型的小波来寻找不同小波系数集的对应关系。采用小波特征提取技术、归一化互相关匹配技术和松弛图像匹配技术,充分利用控制点减少局部退化,实现图像配准。

7. 基于软计算的方法

基于软计算的方法(Soft Computing Based Methods)方法相对较新、较先进,已成功地应用于图像配准任务。它们包括人工神经网络、模糊集和几种优化启发式算法。

人工神经网络是一种基于生物神经网络的计算模型。它也被称为多层感知器(MLP),因为它包含许多隐藏层。这些层由一组相互连接的人工神经元组成,信息从一层传递到下一层。人工神经网络或简单的神经网络在信息流经网络的学习阶段进行自适应学习,并通过赋予不同的权重来相应地更新神经元链接。神经网络可以看作是非线性统计数据建模工具,用于建模输入和输出之间的复杂关系或识别数据中的模式,也称为模式识别。有两种类型的方案:①前馈网络,其中的链接不包括任何环路(如多层感知器(MLP)和径向基函数神经网络(RBF));②循环神经网络,其中包括环路(如自组织映射(SOM)和 Hopfield 神经网络)。关于输出的先验信息是训练前馈网络的基本要求,而循环神经网络通常不需要任何关于预期输出的先验知识。神经网络中严格的训练过程修改并自适应地更新网络结构,使之与连接权值一致,从而能够学习复杂的非线性输入输出关系,进而提高性能的鲁棒性和有效性。在图像配准问题中,多层感知器、径向基函数、自组织映射和 Hopfield 网络被用于不同的计算和优化方面以及配准矩阵的设计,神经网络也被用于解决单模态和多模态医学图像配准问题。

模糊集合就是指具有某个模糊概念所描述的属性的对象的全体。由于概念本身不是清晰的、界限分明的,因而对象对集合的隶属关系也不是明确的、非此即彼的。模糊集是由 L. A. Zadeh 在 1965 年提出的。模糊集具有包含、并、补、交等性质。在经典集合理论中,一个集合中元素的成员值是由一个元素是否属于这个集合的二进制值即 0 或 1 决定的。相比之下,模糊集理论允许根据隶属度函数对模糊集中元素的隶属度进行分级,隶属度函数的值为区间[0,1]中的值。模糊集显示了对集合内元素的部分隶属关系的感知——这允许模糊集处理不确定性和不准确性。模糊集已被明确地应用于图像配准技术,它也被用来选择和预处理提取的特征进行配准。模糊逻辑被用来提高转换参数的精度,如以前估计的那样,最终导致准确的配准估计。

优化问题应用于工程设计和优化的多个领域,具有一定的数学模型和目标函数。它们可以是没有约束的,也可以是有约束的,既有连续变量又有离散变量。寻找最优解的任务是困难的,因为在全局最优点上有许多活动的缩减。传统的方法包括梯度下降法、动态规划法和牛顿法,这些方法计算效率较低,但在规定的时间内提供了可行的解决方案。元启发式算法包括遗传算法(GA)、粒子群优化(PSO)、引力搜索算法(GSA)、蚁群优化(ACO)、模拟退火(SA)、植物繁殖算法(PPA)等。

遗传算法是一种相对古老的近似搜索技术。这些全局搜索启发法形成了一类重要的进化算法,它们模拟进化生物学过程,如突变、选择、交叉和放弃。同样,粒子群优化和微分进化及其现有的变体是相对先进的启发式算法,可以有效地解决优化问题。这些优化启发式算法被应用于图像配准问题,以找到设计转换模型所需的最优参数。

8.1.3 变换模型估计

一个变换就是把一组点映射到其他各种位置的过程。目的是设计一种合适的转换模型,使被测图像相对于原始图像进行最精确的转换。可以执行的转换有平移、旋转、缩放、剪切和反射,这些被统称为仿射变换。此外还有投影变换和非线性变换。

1. 平移

设点 x 平移 t 单位,则该变换的矩阵表示为:

$$\begin{bmatrix} y_1 \\ y_2 \end{bmatrix} = \begin{bmatrix} x_1 \\ x_2 \end{bmatrix} + \begin{bmatrix} t_1 \\ t_2 \end{bmatrix}. \tag{8-1}$$

其中,y_1,y_2 是变换得到的点,x_1,x_2 是原来的点,t_1,t_2 是平移值。

2. 旋转

设协调点 $P_1(x_1,x_2)$ 在二维平面上旋转了一个角度 θ,最后得到的点 $P_2(y_1,y_2)$ 和初始点之间的关系是:

$$\begin{bmatrix} y_1 \\ y_2 \end{bmatrix} = \begin{bmatrix} \cos\theta & \sin\theta \\ -\sin\theta & \cos\theta \end{bmatrix} + \begin{bmatrix} x_1 \\ x_2 \end{bmatrix} \tag{8-2}$$

其中,y_1,y_2 是变换得到的点,x_1,x_2 是原来的点,θ 是旋转参数。

3. 缩放

通过缩放来调整图像的大小,或者处理图像之间的立体像素大小不同的图像。它表示为:

$$\begin{bmatrix} y_1 \\ y_2 \end{bmatrix} = \begin{bmatrix} s_1 & 0 \\ 0 & s_2 \end{bmatrix} + \begin{bmatrix} x_1 \\ x_2 \end{bmatrix}. \tag{8-3}$$

其中,y_1,y_2 是变换得到的点,x_1,x_2 是原来的点,s_1,s_2 是缩放参数。

4. 剪切

在剪切过程中,平行线被保留下来。它可以表示为:

$$\begin{bmatrix} y_1 \\ y_2 \end{bmatrix} = \begin{bmatrix} a_{11} & a_{12} \\ a_{21} & a_{22} \end{bmatrix} \begin{bmatrix} x_1 \\ x_2 \end{bmatrix} + \begin{bmatrix} a_{13} \\ a_{23} \end{bmatrix}. \tag{8-4}$$

其中,y_1,y_2 是变换得到的点,x_1,x_2 是原来的点,$a_{11},a_{12},a_{13},a_{21},a_{22},a_{23}$ 是剪切参数。

8.2 双目图像融合

基于双相机构建的双目视觉(Binocular Stereo Vision)系统是最小的立体视觉系统。双目视觉系统与生物的眼睛类似,不仅可以获取场景的平面图像信息,还能计算被测目标的距离和相对深度信息。它能完成大多数三维场景下的任务,而且多目视觉系统可看作是多个双目系统的组合,因此对双目系统的研究就成了立体视觉系统的研究重点。本节着重介绍双目立体视觉系统中的图像融合技术及其应用。

Roberto Olmos 等人提出了一种双目图像融合方法[1],计算基于对称双目视觉方法的视差图,并使用这些信息来预先选择感兴趣的区域,推断在场景中更可能发生的动作。这项工作是第一次使用对称双目视觉和视差图来减少视频中物体检测的误报数量。此方法具体分为以下五个步骤:

1. 从对称双摄像头获取帧

一般情况下,双摄像头系统需要一个外部开关来同步捕捉帧的时间。然而,在这项工作的目的是建立一个只基于相机而没有外部开关的系统。将相机的视野设置为中轴平行,两个相机镜头中心之间的距离设置为9厘米。双摄像头系统可以用一个2.4厘米×2.4厘米正方形的棋盘图像来制作。

2. 视差图计算

Heiko 等人评估了两种算法,块匹配(BM)算法和半全局块匹配(SGBM)算法[2]。一般情况下,这些算法计算的是左侧相机拍摄的图像像素区域与右侧相机拍摄的图像像素区域之间的距离。物体离相机越近,物体与保护装置之间的距离就越大。如果物体距离摄像机较远,那么物体和它的投影之间的距离将会较小,或者对于非常远的物体来说为空。

BM 和 SGBM 算法利用这些信息来估计摄像机和场景中物体之间的距离。这种估计的结果以视差图的形式表示,如图8-2所示。根据左(a)和右(b)图像中获取的信息,采用BM算法(c)和SGBM算法(d)计算出的视差图。其中(a)是左侧相机拍摄的图像,(b)是右侧相机拍摄的图像。

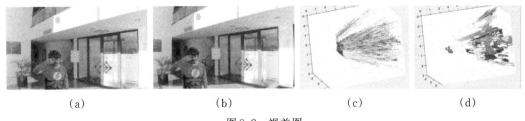

| (a) | (b) | (c) | (d) |

图8-2　视差图

① Olmos R., Tabik S., Castillo A., et. al. A binocular image fusion approach for minimizing false positives in handgun detection with deep learning[J]. Information fusion, 2019, 49: 271-280.

② Heiko H. Stereo processing by semi-global matching and mutual information[J]. IEEE transactions on pattern analysis & machine intelligence, 2007, 30(2):328-341.

3. 背景对象的消除

在计算了视差图之后,选择了一个有限的距离来确定位于这个距离后面的物体。场景中极限距离的选择取决于当前场景的尺寸,例如,一个房间以及动作发生的区域。距离是由双摄像头系统计算出来的。

4. 预先选择感兴趣的区域

双目视差图允许从相机中分辨出更远和更近的物体,因此可以根据它们不同的距离将重叠在感兴趣区域上的物体消除掉。但在实际应用中,由于场景中光照的影响和原始图像的质量较低,生成的视差图存在一定的缺陷,使得消除过程十分困难。由此得到的视差图包含了一定程度的噪声,并且在几个边界处显示出不连续。为了对片段进行清理和改进,采用了一系列形态二元运算,过程如下:

(1)为了保留视差图中的小细节,首先在 x 轴和 y 轴上对图像中的白色区域应用一致的扩展。

(2)在迭代过程中,我们对获得的图像应用一个腐蚀过程和一个分离过程。将属于同一对象的线转换为更大的白色区域。同时,腐蚀过程会擦除那些没有形成大片白色区域的图像区域。这一步是适用于不同的形状,以确保消除小物体,不同种类的噪音和缺陷。在这个过程的最后,将获得一个表示感兴趣区域的掩码。

5. 掩码的应用和检测过程

从上一步得到的掩码应用于原始图像,原始图像中与掩码的白色区域对应的部分被保留了下来,而原始图像中与遮罩的黑色区域相对应的部分是模糊的。之后,将探测器应用于整个图像,探测器将只聚焦在感兴趣的区域。作者还分析了从原始图像中完全消除背景对象的问题。分析结果发现,适当地消除背景可以使探测器的焦点保持在感兴趣的区域上;然而,擦除的背景和图像之间的高对比度导致探测器误以为显示的区域是一个大对象。为了克服这个问题,作者使用模糊方法在感兴趣的区域和背景之间产生较低的对比度,从而防止误读,并保持搜索算法只关注感兴趣的区域的能力。方法流程如图8-3所示。

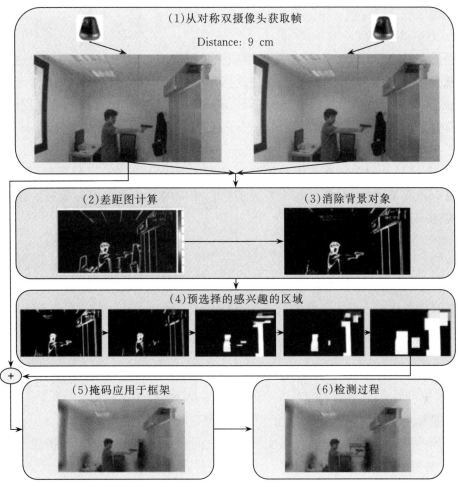

图8-3　方法流程图

　　由于双目图像比单目图像能提供更多的视差和深度等信息。双目信息通常作为辅助信息被用于行人检测的独立模块中,因为在一般情况下,立体信息是一种可靠和有用的线索。利用双目信息辅助行人检测的思想被一些研究者采用与改进。

　　Zhang等人将双目图像融合应用于行人检测模型中,提出了一种基于PSMNet双目信息融合和改进的快速R-CNN行人检测模型的级联行人检测模型[①]。该模型首先将双目图像输入原始的PSMNet双目信息融合模块得到视差图,然后利用视差图对左右图像进行融合得到融合图像。最后在改进的快速R-CNN行人检测模块中,将一帧图像的融合图像作为单独的输入,分别进行行人检测。本节主要介绍PSMNet双目信息融合模型。该模型主要包括金字塔池模块(Pyramid Pooling Module)和三维

---

① Zhang J., Ma Z. G., Nuerxiati Nuermaimaiti. A pedestrian detection model based on binocular information fusion[C]. Wireless and optical communications conference, Beijing, China, May 9-10, 2019:1-5.

卷积模块。

1. 金字塔池模块

利用空间金字塔池(SPP)和扩展卷积来扩展真实的接受域,从而成功地将原始特征从像素级扩展到包括多尺度在内的区域级特征。通过在 3D CNN 中输入 cost volume,进一步优化和调整得到新的 cost volume。为了提高全局信息的利用率,三维卷积模型采用了堆叠的沙漏结构,并重复了自顶向下或自底向上的过程。

2. 3D 卷积模块

(1)通过视差回归计算连续视差图。采用 softmax 函数 σ 获得的预测成本 c_s 可以估计每个差异值的概率,然后每个差异值乘以相应的发生概率获得最终的预测值 s,如公式(8-5)所示:

$$\hat{s} = \sum_{s=0}^{D_{\max}} s \times \sigma(-c_s). \tag{8-5}$$

(2)利用 L_1 损失函数来计算损失,与 L_2 损失函数相比,它受异常值的影响较小,具有较高的鲁棒性。L_1 损失函数的公式如下:

$$L(s,\hat{s}) = \frac{1}{N}\sum_{i=0}^{N} smooth_{L_1}(s_i - \hat{s}_i), \tag{8-6}$$

$$smooth_{L_1}(n) = \begin{cases} 0.5n^2, & |n| < 1 \\ |n| - 0.5, & otherwise \end{cases}. \tag{8-7}$$

其中,n 是标记像素的个数,s 是正视差值,$\hat{s}$ 是预测的差异值。

(3)该算法计算了视差图与真实视差图之间的平均错误率。平均错误率的定义如式(8-8)所示:

$$Error \ \ rate = \frac{1}{M}\left(\sum_{p \in A}[|d(p) - d_{gt}(p)| > \delta]\right) \tag{8-8}$$

其中,A 是原始视差图中有效视差点的集合,也就是在真实视差图中,像素值不为零的点的集合,M 是 A 中像素点的个数,$d(p)$ 是计算出的视差图,$d_{gt}(p)$ 是真实的视差图,δ 是容错值,在 KITTI 评估平台中测试标准 δ 是 3,最大视差值为 192。

(4)利用 PSMNet 双目信息融合模型得到的视差图对左右图像进行融合。zhang 等人还仿真了 PSMNet+改进的快速 R-CNN 双目立体匹配行人检测模型,并与改进的无双目立体匹配模块的快速 R-CNN 行人检测算法进行了比较。如图 8-4 所示,从相同的测试集中选取了两个具有代表性的检测结果,可以用来比较两种算法的结果。

图8-4　左、右和融合图像的行人检测结果的比较

图8-4中三幅子图像分别为左、右、自上至下融合图像检测结果。在左侧图像中左边箭头处检测到2名行人,漏检测到1名行人,右边箭头处正确检测到1名行人。相反,在右侧图像中,左边箭头处三个行人都检测到,而右边箭头处没有检测到行人。因此,结合两者的信息,可以在融合图像中准确地检测到左边三个行人和右边一个行人。因此,在两个通道中同时检测到相同的目标行人,满足三通道目标一致性检查条件,确定边界框为正确的行人检测。降低了系统的漏检率,提高了系统的召回率。结果表明,双目融合算法比单目图像具有更好的检测性能。

Zhang 等人也将双目图像融合信息应用于行人检测中,提出了基于双目立体序列的融合框架[①]。在这篇文献中,作者假设摄像机系统是经过校准的,输入帧由校正模块进行预处理,该模块执行透镜校正并建立一个标准的立体配置。方法的具体概述如下。

给定一组图像序列 I^L 和 I^R,其中 $I^L = \{I_n^L\}_{n=1}^N$ 和 $I^R \{I_n^R\}_{n=1}^N$ 分别表示双目立体视觉序列中的左右两帧,I_n^L 表示左序列中的第 n 个图像,与之对应的右序列中的第 n 个图像是 I_n^R。对于序列中的每一帧,使用基线检测器获得一组候选边界框(单行人检测)。这里使用一个保守的阈值作为基线检测器,以确保能够正确地检测到大多数正边界框。

一旦检测到左右图像上的候选集,我们就可以找到两个候选集之间的最佳匹配。序列 I^L 中的候选集定义为 sH_n^L,sH_n^L 在 I^R 中的最佳匹配为 sH_n^R,$\{sH_{n,i}^L, sH_{n,i}^R\}$ 是第 i 个

① Zhang Z., Tao W., Sun K., et. al. Pedestrian detection aided by fusion of binocular information[J]. Pattern recognition, 2016, 60:227-238.

匹配对。匹配的处理过程是基于同一行人在对应的帧对中出现一致性的表现。同时,根据双目立体视觉序列中隐藏的视差信息,应用几何约束来提高匹配过程的速度和质量。匹配实例的相似外观和视差约束使得在左侧和右侧图像中匹配两个实例变得很容易。

在找到匹配假设后,将每一对匹配的图像拼接成双行人图像。对于每个匹配对$\{sH_{n,i}^L, sH_{n,i}^R\}$,拼接后的双行人图像可以表示为$dI_{n,i}$,双行人检测器预测双行人的边界框。最后,在检测到双行人之后,将基于单行人检测结果和双行人检测结果的每个候选窗口的分数融合到正确的帧中。并将左右两幅图像的单行人检测结果与双行人检测结果相结合,对最终结果进行调整。

文章的框架包括三个部分:单行人检测部分、双行人检测部分和融合部分。框架如下图所示:对于序列中的每一帧,使用基线检测器获得一组具有保守阈值的候选集。首先找到左右候选集之间的最佳匹配对,将匹配的对拼接以构建双行人图像。然后利用双行人检测器预测双行人图像上双行人的边界框。最后,根据左右图像的单行人检测结果和双行人检测结果,融合每个候选窗口的分数。黑色、白色和灰色的方框分别代表真报、误检和误报。

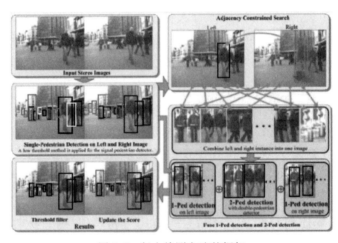

图8-5 行人检测方法的框架

8.3 多目重构

我们基于一个场景的进行视图的重建时,通常有两个及两个以上的视图。例如,我们可能使用单个移动摄像机拍摄的视频序列来构建3D模型,或者等效地使用静态摄像机拍摄的刚性移动对象的视频序列(图8-6)。这个问题通常被称为从运动图像中恢复三维结构(structure from motion, SfM)或多视图重建(multi-view reconstruction)。这是一种从摄像机在不同视点拍摄的多幅图像中恢复场景三维结构的方法。

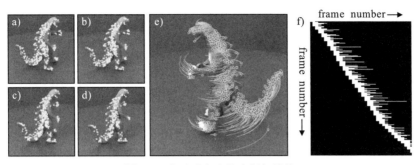

图8-6　由运动产生的多框架结构

图8-6展示了一个由运动产生的多框架结构。通过一个连续的视流的移动摄像机观看一个静态对象，或静态摄像机观看一个移动的刚性对象构建一个三维模型。a-d)在每一帧中计算特征，并通过序列跟踪。e)当前帧的特征和它们的历史运动轨迹。f)在每个新帧中，识别出许多新特征，并对这些特征进行跟踪，直到它们被遮挡或丢失对应关系。这里，白色像素表示一个特征出现在一个帧中，而黑色像素表示该特征不存在。

8.3.1　立体匹配算法

双目视觉主要利用左右相机得到的两幅校正图像找到左右图像的匹配点，然后根据几何原理恢复出环境的三维信息。但该方法难点在于左右相机图片的匹配，匹配的不精确都会影响最后算法成像的效果。多目视觉采用三个或三个以上摄像机来提高匹配的精度，但需要消耗更多的时间，实时性也更差。在双目/多目视觉中常见的匹配算法有SGM和SGBM算法。

半全局立体匹配算法（Semi-Global Matching，SGM）是一种基于逐像素匹配的方法，该方法使用互信息来评价匹配代价，并通过组合很多一维的约束来近似一个全局的二维平滑约束，该方法分成下面几个步骤。

1. 逐像素匹配代价计算

计算匹配代价，即计算参考图像上每个像素点IR(P)，以所有视差可能性去匹配目标图像上对应点IT(pd)的代价值，因此计算得到的代价值可以存储在一个$h \times w \times d$(MAX)的三维数组中，通常称这个三维数组为视差空间图（Disparity Space Image，DSI）。匹配代价时立体匹配的基础，设计抗噪声干扰、对光照变化不敏感的匹配代价，能提高立体匹配的精度。因此，匹配代价的设计在全局算法和局部算法中都是研究的重点。

2. 代价聚合

通常全局算法不需要代价聚合，而局部算法需要通过求和、求均值或其他方法对一个支持窗口内的匹配代价进行聚合而得到参考图像上一点p在视差d处的累积代价CA(p,d)，这一过程称为代价聚合。通过匹配代价聚合，可以降低异常点的影响，提高信噪比(SNR，Signal Noise Ratio)进而提高匹配精度。代价聚合策略通常是局部匹配算法的核心，策略的好坏直接关系到最终视差图(Disparity maps)的质量。

3. 视差计算

局部立体匹配算法的思想，在支持窗口内聚合完匹配代价后，获取视差的过程就比较简单。通常采用"胜者为王"策略(WTA，Winner Take All)，即在视差搜索范围内选择累积代价最优的点作为对应匹配点，与之对应的视差即为所求的视差。

8.3.2　三维重建方法

目前出现了大量的基于深度学习的三维重建方法，如 DeepVO[①]，其基于深度递归卷积神经网络(RCNN)直接从一系列原始 RGB 图像(视频)中推断出姿态，而不采用传统视觉里程计中的任何模块，改进了三维重建中的视觉里程计这一环。BA-Net[②]，其将 SfM 算法中的一环集束调整(Bundle Adjustment，BA)优化算法作为神经网络的一层，以便训练出更好的基函数生成网络，从而简化重建中的后端优化过程。Code SLAM[③]，如之前所提，其通过神经网络提取出若干个基函数来表示场景的深度，这些基函数可以简化传统几何方法的优化问题。

Chrischoy 等人[④]使用深度卷积神经网络，从大量的训练数据中学习物体到物体底层三维形状的映射，而不是在对物体尝试匹配合适的三维形状并尽可能地适应它。受早期使用机器学习来学习 2D 到 3D 映射以进行场景理解的研究启发，他们提出了数据驱动方法来解决在给定数量的对象类别中仅从单个图像恢复对象形状的难题。该方法第一次利用深度神经网络，以端到端的方式，从数据中自动学习适当的中间表示，从极少监督的单个图像中恢复近似的 3D 对象，从而实现重建。

他们采用了一种基于标准 LSTM 和 GRU 的新型结构——三维递归重构网络(3D-R2N2)。该网络的目标是执行单视图和多视图 3D 重构，其主要思想是利用 LSTM 的能力来保留以前的观察结果，并随着更多的观察结果可用而逐步细化，最终输出重构结果。

网络由三部分组成：一个二维卷积神经网络(2D-CNN)，一种新的体系结构命名为 3D 卷积 LSTM(3D-LSTM)和 3D Deconvolutional 神经网络(3D-DCNN)。从任

① WWang S., Ronald C., Wen H. K., et. al. DeepVO: towards end-to-end visual odometry with deep recurrent convolutional neural networks[C]. IEEE international conference on robotics & automation, Singapore, 29 May-3 June, 2017:2043-2050.

② Tang C., Tan P. BA-Net: dense bundle adjustment network[J]. arXiv:1806.04807 [cs.CV], 2018.

③ Michael B., Jan C., Ronald C., et. al. CodeSLAM - learning a compact, optimisable representation for dense visual slam [C]. IEEE conference on computer vision and pattern recognition (CVPR), Salt Lake City, June 18-22, 2018:2560-2568.

④ Choy C. B., Xu D., Gwak J. Y., et. al. 3D-R2N2: a unified approach for single and multi-view 3d object reconstruction [C]. European conference on computer vision, The Netherlands, October 11-14, 2016:628-644.

意角度给出一个或多个物体的图像,2D-CNN首先将每个输入图像x编码为低维特征 T(x)。然后,根据给定编码后的输入,新提出的3D卷积LSTM(3D-LSTM)单元做出两种类型的单元更新,一种是有选择地更新其单元状态,另一种为关闭输入门从而保留状态。最后,3D-DCNN解码LSTM单元的隐藏状态,并生成3D概率体元重建。网络的整体架构如图8-7所示。图中(a)是待重建的样本图像,视图被一个大的基线分隔,对象的外观显示较少的纹理。(b)是对3D-R2N2网络的整体架构:该网络从任意(未校准的)视点(在本例中为扶手椅的三个视点)获取一系列图像(或仅一个图像)作为输入,并生成体素化的3D重建作为输出。当网络看到更多的物体视图时,重构会逐步细化。

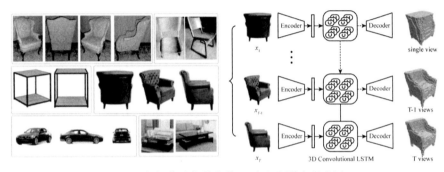

图8-7 (a) 待重构的物体 (b) 网络架构概述

多视图几何(MVG)是计算机视觉(CV)的子领域,它尝试理解给定图像集合的三维世界的结构。由于双目的人类视觉是自然三维的,同样的原理使得MVG重建方法可以恢复图像在三维世界中的结构。

Wei等人提出了一种将单视图条件模型转换为多视图条件模型的综合方法[1]。与现有的利用递归单元集成多视图特征的方法不同,他们将多视图重构看作是对每个单视图图像的预测形状空间求交。通过引入一个简单的成对距离度量来约束多视图一致性,对每个单独条件模型中的多个输入向量进行了在线优化。最后,将多视点云的结果串联起来,得到最终的预测结果。

尽管多视点立体重建的进展较为稳定,但现有的方法在减小噪声的同时,在恢复精细细节和鲜明特征方面还存在一定的局限性,在重建纹理较少的区域时可能会失败。为了解决这些局限性,Li等人提出了一种保留细节和内容感知的变分多视点立体视觉方法[2],该方法通过重新投影误差最小化和网格去噪之间的交替来重建三维曲面。在

[1] Wei Y., Liu S., Zhao W., et. al. Conditional single-view shape generation for multi-view stereo reconstruction[J]. arXiv:1904.06699 [cs.CV], 2019.

[2] Li Z., Wang K., Zuo W., et. al. Detail-preserving and content-aware variational multi-view stereo reconstruction[J]. IEEE transactions on image processing, 2016, 25(2):864-877.

重投影误差最小化中,他们提出了一种新的图像间相似度度量方法,这种方法能够有效地保留重建表面的精细尺度细节,并在图像滤波和图像配准之间建立起联系。在网格去噪中,用了一种基于当前输入自适应估计p值和正则化参数的内容感知的p最小化算法。与传统的各向同性网格平滑方法相比,该方法在抑制噪声的同时保持网格的清晰特征方面具有更大的应用前景。在基准数据集上的实验结果表明,该方法能够恢复更多的表面细节,并且比最先进的方法获得更清晰、更准确的重建结果。

Armin 等人提出了一种基于多宽基线静态或移动摄像机视图的无监督动态场景重建方法[1]。输入是一组没有分割的稀疏的同步多视点视频,使用场景特征自动校准摄像机挤压物。通过对多个视图的稀疏特征进行匹配,得到所有动态场景对象的初始粗重构和分割。这消除了对背景场景外观或结构的先验知识的需求。然后进行联合分割和密集重建求精,以估计每帧动态对象的非刚性形状。介绍了从独立移动宽基线摄像机视图中处理杂乱场景中复杂动态场景几何的鲁棒方法。该方法克服了现有方法的限制,可以重建更一般的动态场景。

Silvano 等人提出了一种将传统多视点立体视觉(MVS)与基于外观的正常预测相结合的多视点重建方法[2],以获得致密、准确的三维表面模型。利用多视点对应重建的可靠的曲面法线作为卷积神经网络(CNN)的训练数据,该网络从原始图像块中预测连续的法向量。通过从同一幅图像中的已知点进行训练,预测结果会根据特定场景的材料和照明条件,以及精确的摄像机视点进行调整。因此,它比一般的单视图正常估计更容易学习。

习 题

1. 图像配准的应用有哪些?请举出一些实例。
2. 特征检测的特征都有哪些?怎样选取参考图像的特征集?
3. 图像配准有哪些方法?分别适用于哪方面的应用?
4. 基于表面的图像配准方法在哪种情况下可以生成曲面模型?
5. 人工神经网络的图像配准方法的机制是什么?
6. 模糊集合的哪些特点适合应用于图像配准?

---

① Mustafa A., Kim H., Guillemaut J. Y., et. al. General dynamic scene reconstruction from multiple view video[C]. International conference on computer vision(ICCV 2015), Santiago, Chile, December 11-18, 2015:900-908.

② Galliani S., Schindler K. Just look at the image: viewpoint-specific surface normal prediction for improved multi-view reconstruction[C]. 2016 IEEE conference on computer vision and pattern recognition(CVPR), Nevada, Las Vegas, June 26 - July 1, 2016:5479-5487.

第9章　视觉问答

视觉问答(Visual Question answer,VQA)是近年来计算机视觉和自然语言处理领域出现的一个新问题,已经引起了深度学习、计算机视觉和自然语言处理领域的广泛关注。在VQA中,算法需要回答关于图像的基于文本的问题。自2014年发布第一个VQA数据集以来,已经发布了更多的数据集,并提出了许多算法。本章从现有的数据集、评估指标和算法等方面介绍VQA当前的研究与发展。

视觉问答(VQA)是一项计算机视觉任务,它包含了计算机视觉中的许多子问题,例如,物体识别(图像中有什么?)、目标检测(图像中有猫吗?)、属性分类(猫是什么颜色?)、场景分类(天气晴朗吗?)、数量统计(图中有多少只猫?)等。除此之外,还有很多更复杂的问题,比如物体之间的空间关系(猫和沙发之间是什么?)和常识推理问题(女孩为什么哭?)等。一个健壮的VQA系统必须能够解决广泛的经典计算机视觉任务,并且具有能够对图像进行推理的能力。

VQA有许多潜在的应用,最显然的应用是帮助盲人和视力受损的人,使他们能够在网上和现实世界中获得关于图像的信息。例如,字幕系统可以描述图像,然后用户可以使用VQA来查询图像,以获得对场景的更多了解。更一般地说,VQA可以作为一种自然的查询可视内容的方式来改进人机交互。VQA系统也可以用于图像检索,而不需要使用图像元数据或标记。例如,要查找所有在雨天拍摄的照片,我们可以简单地问"下雨了吗?"指向数据集中的所有图像。在应用之外,VQA是一个重要的基础研究问题,因为一个好的VQA系统必须能够解决许多计算机视觉问题,所以它可以被认为是图灵图像理解测试的一个组成部分。

视觉图灵测试严格评估计算机视觉系统,以评估它是否能够对图像进行人类水平的语义分析。VQA可以被认为是一种视觉图灵测试,它也需要理解问题的能力,但不一定需要更复杂的自然语言处理。如果一种算法在关于图像的任意问题上表现得和人类一样好,甚至更好,那么大部分的计算机视觉问题都会得到解决。

9.1　视觉问答方法

9.1.1　联合嵌入方法

在图像字幕任务中,首次探索了图像与文本的联合嵌入。它的动机来自于计算机视觉和NLP两种深度学习方法的成功,它们允许人们在一个共同的特征空间中进行表示学习。与图像字幕的任务相比,在VQA中需要对两种模式进行进一步的推理,从而进一步强化了这一动机。在一个公共空间中的一个表示将降低学习的相互作用,并对问题和图像内容进行推理。在实际应用中,通常利用卷积神经网络(CNNs)对目标识别进行预处理,从而获得图像表征,而文本表示是通过在大型文本语料库上预先训练的词嵌入来获得的。词嵌入实际上是将词映射到一个能够通过距离反映语义相似性的空间中,然后将问题中每个单词的嵌入信息输入到递归神经网络中,处理变长序列以捕获句法模式。以下介绍几种视觉问答的联合嵌入方法。

Malinowski等人提出了一种名为"Neural-Image-QA"的方法[①],该方法使用了长短期记忆单元(LSTMs)连接的递归神经网络(RNN)(见图9-1)。RNNs背后的动机是处理可变大小的输入(问题)和输出(答案)。对于目标识别任务,图像特征是由经过预处理的CNN生成的。问题和图像特征都是一起发送给第一个"编码器"LSTM。它产生一个固定大小的特征向量,然后将其传递给第二个"解码器"LSTM。解码器产生可变长度的答案,每次重复迭代一个字。在每次迭代中,最后一个预测的单词通过循环被送入LSTM,直到预测得到一个特殊的符号<END>。后来出现这种方法的多个变体,例如,Ren等人的"VIS+LSTM"将编码器LSTM产生的特征向量直接输入分类器,从预定义的词汇表中产生单个词答案[②]。即他们将视觉问题回答表述为一个分类问题,而Malinowski等人将其视为一个序列生成过程。Ren等人提出了一种新的技术改进模型"2-VIS+BLSTM"模型。它使用两个图像的特征源作为输入,分别在问题的开始和结束时输入到LSTM,并使用正向和反向的LSTMs描述问题,使用双向LSTMs能更好地捕捉问题中两个词之间的联系。

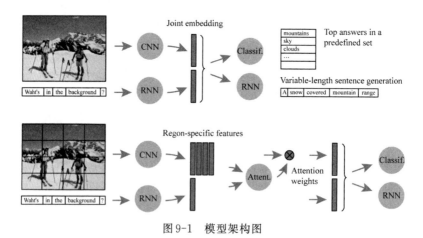

图9-1　模型架构图

---

① Malinowski M., Marcus R., Mario F. Ask your neurons: a neural-based approach to answering questions about images [C]. IEEE international conference on computer vision (ICCV), Santiago, Chile, December 13-16, 2015:1-9.

② Ren M., Kiros R., Zemel R. Image question answering: a visual semantic embedding model and a new dataset[J]. Litoral revista de la poesía y el pensamiento, 2015:8-31.

图9-1上面部分表示的是VQA的一种常见方法,该方法将输入图像和问题映射到一个公共的嵌入空间。这些特征是由深度卷积(RNN)和递归神经网络(CNN)产生的。它们结合在一个输出阶段,采取分类器的形式从预定义的集合或递归网络生成可变长度的短语。下面部分将注意力机制建立在这一基本方法之上,注意力权重来自于图像和问题,并允许输出阶段将注意力集中在图像的相关部分。

Gao等人提出了一种改进的方法,称为"Multimodal QA"(mQA)[①]。它使用LST-Ms对问题进行编码并产生答案,这与Malinowski等人有两个不同之处。首先,Malinowski等人在LSTMs的编码器和解码器之间使用共享权值,而mQA方法分别学习不同的参数,只共享词嵌入向量。其次,图像表示采用的CNN特征并没有在问题之前被输入编码器,而是在每一步都被输入编码器。

Noh等人通过学习一个具有动态参数层(DPPnet)的CNN来处理VQA问题[②],DPPnet的权值是根据问题自适应地确定的。对于自适应参数预测,他们使用了一个单独的参数预测网络,该网络由门控循环单元(GRUs)组成,以一个问题作为输入,通过一个全连接层在其输出端生成候选权值,这种方法已被证明对于问答的准确率大有改善。

Fukui等提出了池方法来实现视觉与文本的联合嵌入[③],他们通过将图像和文本特征随机投影到高维空间中,然后将两个向量与傅里叶空间中的乘法进行卷积来实现"多模态双线性融合"(Mul-timodal Compact Bilinear pooling,MCB)。Kim等人使用多模态剩余学习框架(multimodal residual learning framework,MRN)来学习图像和文本的联合表示[④]。Saito等人提出了一种"DualNet"方法,它集成了两种操作,即"元素和运算"和"元素乘运算",通过采用两种运算来嵌入视觉和文本特征[⑤]。与Ren和Noh的方法类似,他们将视觉问答作为一个根据预定义的可能答案集进行分类的问题。也有一些工作不使用RNNs来编码。如Ma等使用CNNs处理问题,图像CNN和文本CNN的特征通过附加的层"多模态CNN"嵌入一个共同的空间中,形成了一个

① Gao H. Are you talking to a machine? Dataset and methods for multilingual image question answering[J]. Computer science, 2015:2296-2304.

② Noh H., Seo P. H., Han B. Image Question answering using convolutional neural network with dynamic parameter prediction[C]. 2016 IEEE conference on computer vision and pattern recognition(CVPR), Nevada, Las Vegas, June 26 - July 1, 2016:30-38.

③ Fukui A., Park D. H., Yang D., et. al. Multimodal compact bilinear pooling for visual question answering and visual grounding[J]. arXiv:1606.01847 [cs.CV], 2016.

④ Kim J. H., Lee S. W., Kwak D. H., et. al. Multimodal residual learning for visual QA[J]. Advances in neural information processing systems, 2016:361-369.

⑤ Saito K., Shin A., Ushiku Y., et. al. DualNet: domain-invariant network for visual question answering[J]. arXiv: 1606.06108 [cs.CV], 2016.

整体同构的卷积架构[①]。

联合嵌入方法的原理较为简单,是当前大多数 VQA 方法的基础。以 MCB 和 MRN 为例,在其特征提取和嵌入空间投影方面仍有改进的潜力。

9.1.2 组合模型方法

采用模块化结构是人工神经网络设计中一个日益流行的研究方向。这种方法涉及连接不同的模块,这些模块是为特定的功能设计的,比如 memory 或特定类型的推理,如视觉推理。采用模块化结构的优势是可以更好地监督和管理。一方面,它有助于转移学习,因为同一个模块可以在不同的整体架构和任务中使用和训练。另一方面,它允许使用"深度监督",即优化目标时需要依赖于内部模块输出。在注意力模型和与知识库的连接的模型中讨论的其他模型也属于模块化架构的范畴。在此,我们将重点讨论两个主要贡献在模块方面的特定模型,即神经模块网络(Neural Module Networks,NMN)和动态记忆网络(Dynamic Memory Networks,DMN)。

1. 神经模块网络

神经模块网络(NMNs)由 Andreas 等人引入并进行了扩展[②,③]。它们是专门为 VQA 设计的,目的是研究"问题"的语言组成结构,而"问题"的复杂程度往往差别很大。例如,"Is this a truck?"只需要从图像中检索一条信息就可以得到答案,而"How many objects are to the left of the toaster?"需要多个处理步骤,如目标识别和计数。NMNs 反映了一个网络中问题的复杂性,这个网络是针对问题的每个实例动态设置的。这种策略与 liang 等人[④]在文本问答中使用语义解析器将问题转换成逻辑表达式的方法有关。NMNs 的一个重要贡献是将这种逻辑推理应用于连续的视觉特征,而不是离散的或逻辑重复的视觉特征。

该方法使用基于 NLP 社区中著名的工具对查询进行语义解析。解析树被转换成来自预定义集的模块集,然后这些模块集一起用于回答问题。至关重要的是,所有模块都是独立和可组合的(见图 9-2)。图 9-2 利用了问题的组成结构,对问题的解析导致对在关注空间中运行的模块进行组装。两个参与模块用于定位红色的形状和圆圈,重新将注意力转移到圆圈上面,合并计算它们的交集,并测量检查最终的注意力

① Ma L., Lu Z., Li H. Learning to answer questions from image using convolutional neural network[J]. Computer Science, 2015.

② Andreas J., Rohrbach M., Darrell T., et. al. Learning to compose neural networks for question answering[J]. Computation and language (cs.CL), 2016.

③ Andreas J., Rohrbach M., Darrell T., et. al. Neural module networks[C]. 2016 IEEE conference on computer vision and pattern recognition(CVPR), Nevada, Las Vegas, June 26 – July 1, 2016:39–48.

④ Liang P., Jordan M. I., Klein D. Learning dependency−based compositional semantics[J]. Computational linguistics, 2013, 39(2):389–446.

并确定它是非空的。即对每个问题执行的计算是不同的,在测试时使用与训练时不同的问题实例。模块的输入和输出可以是三种类型:图像特征、图像上的注意区域和标签(分类决策)。根据其输入和输出的类型可以预先定义一组模板,但是当对特定问题实例进行端到端训练时,将需要了解它们的确切行为。因此,除了图像、问题和答案三元组外训练不需要额外的监督。

问题的解析是一个关键的步骤,它是由斯坦福依赖解析器(de Marneffe and Manning)完成的,该解析器可以从基本上识别句子各部分之间的语法关系。NMNs使用手写的规则以模块组合的形式将解析树转换成结构化查询。在他们的第二篇文献中[①],他们还学习了一个排序函数来从候选语法中选择最佳结构。整个过程使用简化假设关于问题的语言,视觉特征由一个固定的、预先训练的 VGGCNN 提供[②]。

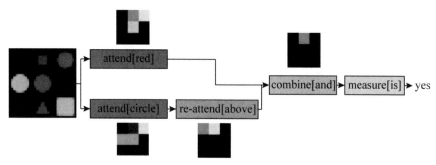

图 9-2 神经模块网络(NMN)

2. 动态记忆网络

动态记忆网络(DMN)是具有特定模块化结构的神经网络。动态记忆网络由 Kumar 等人[③]提出,同时 Bordes 等人提出了一些变体[④,⑤,⑥],其中大部分方法应用于文本问答。这里我们主要介绍 Xiong 等人的工作[⑦],他们将这些方法应用于 VQA 任务中。DMN 属于更广泛的记忆增强网络,它能够对输入的内部表示进行读写操作。这

① Andreas J., Rohrbach M., Darrell T., et. al. Neural module networks[C]. 2016 IEEE conference on computer vision and pattern recognition(CVPR), Nevada, Las Vegas, June 26 – July 1, 2016:39-48.

② Simonyan K., Zisserman A. Very deep convolutional networks for large-scale image recognition[J]. Computer science, 2014.

③ Kumar A., Irsoy O., Su J., et. al. Ask me anything: dynamic memory networks for natural language processing[J]. OALib journal, 2015.

④ Bordes A., Usunier N., Chopra S., et. al. Large-scale simple question answering with memory networks[J]. Computer science, 2015.

⑤ Peng B., Lu Z., Li H., et. al. Towards neural network-based reasoning[J]. Computer science, 2015, 11(2):133-149.

⑥ Weston J., Bordes A., Chopra S., et. al. Towards AI-complete question answering: a set of prerequisite toy tasks[J]. Computer science, 2015.

⑦ Xiong C., Merity S., Socher R. Dynamic memory networks for visual and textual question answering[C]. International conference on machine learning, June, 2016(48):2397-2406.

种机制与"注意力机制"类似,旨在通过在几次传递中对数据的多个部分之间的交互进行建模,从而解决复杂逻辑推理的任务。

动态记忆网络由输入模块、问题模块、情景记忆模块和回答模块4个主要模块组成(见图9-3)。输入模块将输入数据转换成一组称为"事实"的向量。它的实现取决于输入数据的类型;问题模块使用门控递归单元(GRU)计算"问题"的向量表示;情景记忆模块用于检索回答问题所需的"事实",情景记忆模块的关键是允许多次遍历事实以传递和推理。它包含一个选择相关事实的注意力机制和一个更新机制,后者通过当前状态和检索到的事实之间的交互来生成新的记忆表征,其中第一个状态使用问题模块中的表示进行初始化。最后,回答模块使用记忆的最终状态和问题相结合,通过对单个单词进行多重分类来预测输出,对长句子的数据集预测时同时使用GRU。

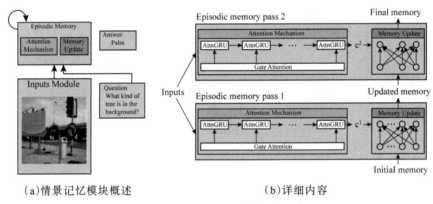

(a)情景记忆模块概述　　　　　　　(b)详细内容

图9-3　用于VQA的动态记忆网络

VQA的输入模块使用VGG CNN在小图像块上提取图像特征,这些特征被输入到一个句子单词的主体GRU中,像蛇一样穿过图像。这是对Kumar等人使用GRU处理句子单词的原始输入模块的特别改编。情景记忆模块还包括一个专注于特定图像区域的注意力机制。

Noh和Han采用的方法[①]与记忆网络在使用内部记忆单元方面有相似之处,在内部记忆单元上执行多个遍历。最主要的创新之处在于使用了每一次遍历的损失,而不是最终结果上的单一损失,在测试时的推理仅使用一个这样的遍历来执行。

9.1.3　注意力方法

上面介绍的大多数模型的一个限制是使用图像的全局特征来表示视觉输入,这

---

① Hyeonwoo N., Bohyung H. Training recurrent answering units with joint loss minimization for VQA[J]. Computer science, 2016.

可能会向预测阶段提供不相关或有噪声的信息。注意力机制的目的是通过局部图像特征来解决这个问题,并允许模型对不同区域的特征赋予不同的重要性。Xu 等人在图像字幕的背景下提出了对视觉任务注意力的早期应用[①]。他们的模型的注意力部分用于识别图像中的显著区域,通过进一步处理,最终将字幕生成集中在这些显著区域。这一概念很容易转化为 VQA 任务,即只关注与问题相关的区域信息。注意力过程在推理过程中执行一个明确的附加步骤,该步骤在执行进一步计算之前确定"从哪里看"。

Zhu 等人描述了如何在标准 LSTM 模型中加入空间注意力[②]。注意力机制由 z_t 表示,它是卷积特征的加权平均值,依赖之前的隐藏状态和卷积特征:

$$e_t = w_a^T \tanh(W_{he} h_{t-1} + W_{ce} C(I)) + b_a \tag{9-1}$$

$$a_t = soft\max(e_t) \tag{9-2}$$

$$z_t = a_a^T t C(I) \tag{9-3}$$

其中 $C(I)$ 表示图像 I 的卷积特征映射。注意力项 a_t 设置每个卷积特征在第 t 步的贡献量,a_t 的值越大,表示相应区域与问题的相关性越强。在这个公式中,一个标准的 LSTM 可以被认为是一个特殊的情况,z_t 的值在一个 a_t 集合中是一致的,即每个区域的贡献是相等的。

Chen 等人使用了一种不同于上述文字引导注意力的机制[③]。通过在空间图像特征图中搜索与输入问题语义对应的视觉特征,生成"问题引导注意图"(question-guided attention map,QAM)。通过将可视化特征映射与可配置的卷积核进行卷积来实现搜索,卷积核是通过将问题的嵌入从语义空间转化为视觉空间中产生的,该视觉空间包含由问题意图挖掘出的视觉信息。Yang 等人也采用了这种方案[④],使用"叠加注意力网络"(stacked attention networks,SAN)迭代地推断答案。Xu 和 Saenko 提出了一个"多跳图像注意力方案"(multi-hop image attention scheme,SMem)[⑤]。第一跳是文字引导的注意力,第二跳是问题引导的注意力。在 Shih 等人[⑥]提出的方法中,生成

① Xu K., Ba J., Kiros R., et. al. Show, attend and tell: neural image caption generation with visual attention[J]. Computer science, 2015:2048–2057.

② Zhu Y., Groth O., Bernstein M., et. al. Visual7W: grounded question answering in images[C]. 2016 IEEE conference on computer vision and pattern recognition(CVPR), Nevada, Las Vegas, June 26 – July 1, 2016:4995–5004.

③ Chen K., Wang J., Chen L. C., et. al. ABC-CNN: an attention based convolutional neural network for visual question answering[J]. Computer science, 2015.

④ Yang Z., He X., Gao J., et. al. Stacked attention networks for image question answering[C]. 2016 IEEE conference on computer vision and pattern recognition(CVPR), Nevada, Las Vegas, June 26 – July 1, 2016:21–29.

⑤ Huijuan X., Kate S. Ask, attend and answer: exploring question-guided spatial attention for visual question answering [J]. Computer science, 2016.

⑥ Kevin J. S., Saurabh S., Derek H. Where to look: focus regions for visual question answering[J]. Computer science, 2016.

带有目标的图像区域,然后选择与问题相关的区域和生成可能的答案。类似地,Ilievski等人[1]使用现成的目标检测器来识别与问题关键字相关的区域,然后使用LSTM将来自这些区域的具有全局特征的信息融合在一起。Lu等人提了一种"分级共注意模型"(hierarchical co-attention model, HieCoAtt)[2],该模型联合对图像和问题的注意力进行推理。以上的方法只注重视觉的注意力,而HieCoAtt对图像和问题的处理是有规律的,能够根据图像的表现指导对问题的处理。Andreas等人以不同的方式使用注意力机制,他们提出了一种组合模型[3],该模型针对每个问题定制的模块构建神经网络。这些模块大多运行在注意力空间中,或者从图像生成注意图,执行一元运算或注意力之间的相互作用。

9.1.4 知识增强方法

VQA任务包括理解图像的内容,但通常需要事先定义的非视觉信息,这些信息可以是"常识",也可以是特定主题的知识,甚至更广泛的知识。例如,要回答"How many mammals appear in this image?"这个问题,你必须理解"mammals"这个词,并知道哪些动物属于这一类。从这个问题中可以发现联合嵌入方法的两个主要缺点。首先,它们只能获取训练集中的知识,而无论怎样扩大数据集,也很难完全覆盖现实世界。第二,在这种方法中训练的神经网络能力有限,我们希望学习的信息量远远超过了这种能力。

另一种方法是从实际存储的数据或知识中进行推理,近来涌现出大量致力于结构化知识表达的研究。大规模知识库(KB)发展迅速,出现了如DBpedia、Freebase、YAGO、OpenIE、NELL、WebChild和ConceptNet等知识库,这些知识库以可读的方式存储常识和事实知识。每一条知识,被称为一个事实,通常表示为一个三元组(arg1,rel,arg2),其中arg1和arg2表示两个概念,rel表示它们之间的关系。这些事实的集合形成了一个相互链接的图,它通常根据资源描述框架(RDF)规范[4]进行描述,并且可以用SPARQL等查询语言访问。将这些知识库与VQA方法联系起来,可以以一种实际的、可扩展的方式将推理与先前知识的表示分离开来。

---

① Ilievski I., Yan S., Feng J. A focused dynamic attention model for visual question answering[J]. arXiv:1604.01485 [cs.CV], 2016.

② Lu J., Yang J., Batra D., et. al. Hierarchical question-image co-attention for visual question answering[J]. arXiv:1606.00061 [cs.CV], 2016.

③ Andreas J., Rohrbach M., Darrell T., et. al. Learning to compose neural networks for question answering[J]. arXiv:1601.01705 [cs.CL], 2016.

④ Group R. W. , et. al. Resource description framework. http://www.w3.org/standards/techs/rdf.

Wang等人提出了一个名为"Ahab"的VQA框架[1]，该框架使用了DBpedia这个最大的结构化知识库之一。视觉概念首先用CNNs从给定的图像中提取出来，然后与DBpedia中代表相似概念的节点相关联。鉴于联合嵌入方法是学习从图像和问题到答案的映射，作者建议将学习图像和问题的映射转化为在构建的知识图谱上的查询，最后的答案通过汇总这个查询的结果得到。"Ahab"框架的主要局限性是只能处理有限类型的问题，虽然这些问题可以用自然语言提供，但它们是用人工设计的模板解析的。一种名为FVQA的改进方法使用LSTM和数据驱动方法来学习图像/问题到查询的映射[2]，这项工作还使用了两个额外的知识库ConceptNet和WebChild。

从上面的方法可以发现它们通过提供推理链或在支持的事实中使用推理过程得到最终答案。这与单片神经网络形成了鲜明的对比，单片神经网络对生成最终答案的计算过程了解甚少。Wu等人提出了一种同时受益于外部知识库的联合嵌入方法[3]。对于给定的图像，他们首先用CNN提取语义属性，然后从包含简短描述的DBpedia版本中检索与这些属性相关的外部知识，并将这些描述用Doc2Vec嵌入到固定大小的向量中。最后将嵌入的向量输入LSTM模型，用问题来解释它们，最后生成一个答案。该方法可以学习从问题到答案的映射，并且不需要提供有关推理过程的信息。

9.2　常用数据集

许多数据集已经被特别提出用于VQA任务中的搜索，它们至少包含一个图像、一个问题及其正确答案构成的三元组。有时还提供附加说明，如图像说明、支持答案的图像区域或多个候选答案。数据集和数据集中的问题在复杂性、推理量和推断正确答案所需的非可视信息方面差异很大。本节对现有的数据集进行了全面的比较，并讨论了它们对评价VQA系统的不同方面的适用性。

区别不同数据集的一个主要特征是其图像的类型，图像的类型可以大致分为自然类、剪贴类和合成类。使用最广泛的数据集如DAQUAR（Malinowski和Fritz）[4]、

① Wang P., Wu Q., Shen C., et. al. Explicit knowledge-based reasoning for visual question answering[J]. Computer science, 2015.

② Wang P., Wu Q., Shen C., et. al. FVQA: fact-based visual question answering[J]. IEEE transactions on pattern analysis & machine intelligence, 2018, 40(10):2413-2427.

③ Wu Q., Wang P., Shen C., et. al. Ask me anything: free-form visual question answering based on knowledge from external sources[C]. 2016 IEEE conference on computer vision and pattern recognition(CVPR), Nevada, Las Vegas, June 26 - July 1, 2016:4622-4630.

④ Malinowski M., Fritz M. A multi-world approach to question answering about real-world scenes based on uncertain input[J]. Advances in neural information processing systems 27(NIPS), 2014:1682-1690.

COCO-QA(Ren等)[1]和VQA-real(Antol等)[2]都使用自然类图像。数据集之间的第二个关键区别是问答格式,问答格式包括开放式与多项选择格式。前者意味着没有预定义的答案集,是较为常见的,多项选择式为每个选项提供了有限的可能答案集。VQA-real和Visual7W数据集都允许使用开放式或多项选择式进行评估。这两种设置的结果不能进行比较,开放式设置被认为更具挑战性,同时更难进行定量评估。

Geman等人[3]提出了针对VQA编译数据集的早期尝试。数据集包括从对象的固定词汇表、主要内容和对象之间的关系的模板生成的问题。同样Tu等人[4]早期也提出了另一个数据集,他们研究了视频和文本的联合解析以回答查询,并考虑了包含15个视频剪辑的两个数据集。这两个例子是限制在有限的设置和相对较小的规模,我们将在下面介绍当今使用的开放世界大型数据集。

DAQUAR作为基准设计的第一个VQA数据集,用于真实世界视觉问题回答数据集。它是使用来自NYU-Depth v2数据集[5]的图像构建的,该数据集包含了1,449张室内场景的RGBD图像,并带有注释的语义分段。DAQUAR的图像分为795张训练图像和654张测试图像。收集了两种类型的问题/答案对。首先,综合问题/答案是使用8个预定义模板和NYU数据集自动生成的。第二,人类的问题/答案来自5个注释者,他们主要针对基本的颜色、数字、物体(894个类别)和它们的集合。总共收集了12,468对问题/答案,其中6,794对用于训练,5,674对用于测试。大规模的DAQUAR是开发和训练具有深度神经网络的VQA早期方法的关键,DAQUAR的主要缺点是答案限制在预定义的16种颜色和894个对象类别。数据集也表现出强烈的偏向性,体现人类更倾向于关注一些突出的对象,如桌椅。

COCO-QA数据集使用了来自Microsoft Common Objects in Context data(COCO)数据集的图像[6]。COCO-QA包括123,287张图像,其中72,783张用于训练,38,948张用于测试,每张图像都有一个问题/答案对。这些问题/答案对是通过将原始COCO数据集的图像描述部分转换成问题/答案形式自动生成的。这些问题根据预期答案的类型分为四类:物体、数字、颜色和位置。但该数据存在的问题是高重

[1] Ren M., Kiros R., Zemel R. Image question answering: a visual semantic embedding model and a new dataset[J]. Litoral revista de la poesía y el pensamiento, 2015:8-31.

[2] Aishwarya A., Jiasen L., et. al. VQA: visual question answering[J]. Computer science, 2015.

[3] Geman D., Geman S., Hallonquist N., et. al. Visual turing test for computer vision systems[J]. Proceedings of the national academy of sciences, 2015, 112(12):3618-3623.

[4] Tu K., Meng M., Lee M. W., et. al. Joint video and text parsing for understanding events and answering queries[J]. IEEE multimedia, 2013, 21(2):42-70.

[5] Silberman N., Hoiem D., Kohli P., et. al. Indoor segmentation and support inference from RGBD images[C]. European conference on computer visión, Springer berlin heidelberg, October 7-13, 2012:746-760.

[6] Lin T. Y., Maire M., Belongie S., et. al. Microsoft COCO: common objects in context[C]. European conference on computer vision. springer international publishing, Zurich, Switzerland, September 6-12, 2014:740-755.

复率,在测试集的 38,948 个问题中,有 9,072 个(23.29％)也出现在训练集中。

FM-IQA(Freestyle Multilingual Image Question Answering)数据集①使用了 123,287 张图像,也来自 COCO 数据集。与 COCO-QA 不同的是,这里的问题/答案是由通过 Amazon Mechanical Turk 众包平台提供的。回答问题的人可以自由地提出任何类型的问题,只要与每个给定图像的内容有关,这使得数据集中的问题具有更丰富的多样性。回答这些问题通常既需要理解图像的视觉内容,又需要整合先前的"常识"信息。数据集包含 120,360 张图片和 250,560 个问题/答案对,它们最初是中文的,然后由人工翻译转换成英文。

VQA-real 数据集包括两个部分,一个是使用名为 VQA-real 的自然图像,另一个是使用名为 VQA-abstract 的卡通图像。VQA-real 包括 123,287 张训练图像和 81,434 张测试图像,分别来自 COCO,它鼓励人类注释者提供有趣和多样的问题。与上面提到的数据集相反,VQA-real 数据集也允许人类注释者提供能用二进制表示的是否问题。该数据集还允许在选择设置中进行评估,为每个问题提供 17 个附加的候选答案。总的来说,它包含 614,163 个问题,每个问题都有来自 10 个不同批注者的 10 个答案,在问题类型、问题/答案的长度等方面对数据集进行了非常详细的分析。他们还进行了一项研究,以调查这些问题是否需要事先的非视觉知识,这是通过采用人类投票的方法来进行判断的。大多数受试者(至少 6/10)估计有 18％ 的问题需要常识。估计只有 5.5％ 的问题需要成人水平的知识。这些最新的数据表明,回答大多数问题所需要的只是纯粹的视觉信息。

VQA 基准包含了带有问题/答案对的剪贴画场景,作为对真实图像的独立和补充设置。其目的是使研究能够用于高层次的推理,而不需要解析实际的真实图像。因此,除了实际的图像外,场景还以结构化(XML)描述的形式提供。场景是手动创建的,会有室内和室外两种类型的场景,每一种场景允许不同的设置,包括动物,对象和可调整姿势的人。共生成 5,000 个场景,每个场景 3 个问题。每个问题都有 10 名受试者回答,问题用答案类型标记:"是/否"、"数字"和"其他"。问题长度和问题类型的分布(基于问题的前四个单词)与真实图像的分布相似。

通过构建 KB-VQA 数据集②来评估 Ahab VQA 系统的性能。它包含需要特定主题知识的问题,这些知识存在于 DBpedia 中。从 COCO 图像数据集中选择了 700 张图像,每个图像收集 3 到 5 个问题/答案对,共 2,402 个问题。每个问题遵循 23 个预定义模板之一。这些问题需要不同层次的知识,从常识到广泛的知识。

① Gao H. Are You talking to a machine? Dataset and methods for multilingual image question answering[J]. Advances in neural information processing systems 28 (NIPS), 2015:2296-2304.

② Wang P., Wu Q., Shen C., et. al. Explicit knowledge-based reasoning for visual question answering[J]. Computer science, 2015.

FVQA数据集[①]只包含涉及外部非可视信息的特征。它包含额外的注释,以简化使用知识库的方法的监督训练。与大多数VQA数据集相比,FVQA只提供问题/答案对,每个问题/答案都包含一个支持事实。这些事实被表示为三元组(arg1、rel、arg2)。例如,问题/答案:"为什么这些人穿黄色夹克?""为了安全"。它就包括支持的事实(穿明亮的衣服,帮助,安全)。为了收集这个数据集,从DBpedia、ConceptNet和Webchild的知识库中提取了大量与视觉概念相关的三元组事实。注释器选择图像和图像的视觉元素,然后必须选择预先提取的与视觉概念相关的支持事实之一。最后,他们必须提出一个问题/答案,具体涉及选定的支持事实。数据集包含193,005个候选事实,涉及580个视觉概念(234个对象、205个场景和141个属性),涉及4,608个问题。

Visual Genome数据集[②]是目前VQA可用的最大数据集,它以场景图的形式为每个图像提供了人为生成的结构化注释。场景图是由表示场景视觉元素的节点构成的,这些视觉元素可以是对象、属性、动作等。节点用表示它们之间关系的有向边连接。

9.3 评估方法

VQA被设定为一个开放性的任务,即算法生成一个字符串来回答一个问题,或者是一个选择题。对于多项选择题,通常用简单正确率来评估,如果算法做出了正确的选择,它就能得到正确的答案。对于开放式的VQA,也可以使用简单的准确性。在这种情况下,一个算法的预测答案字符串必须与真实答案完全匹配。然而,这种准确性可能过于严格。例如,如果问题是"What animals are in the photo?"系统输出"dog"而不是正确的标签"dogs",此时受到的惩罚和输出"zebra"一样严重。问题也可能有多个正确答案,例如,"What is in the tree?"可能会将"bald eagle"列为正确的真值答案,因此输出"eagle"或"bird"的系统受到的惩罚一样多。针对这些问题,人们提出了几种可以替代准确性过于严格的方法来评估开放式VQA算法。

Wu-Palmer Similarity(WUPS)[③]作为一种衡量正确性的方法被提出,它试图通过语义上的差异来衡量一个预测的答案与真实值之间的差异有多大。给定一个真实答案和一个问题的预测答案,WUPS将根据它们之间的相似性在0到1之间分配一个

① Wang P., Wu Q., Shen C., et. al. FVQA: fact-based visual question answering[J]. IEEE transactions on pattern analysis & machine intelligence, 2017:1–1.

② Krishna R., Zhu Y., Groth O., et. al. Visual genome: connecting language and vision using crowdsourced dense image annotations[J]. International journal of computer vision, 2017, 123(1):32–73.

③ Ploux S., Ji H. A model for matching semantic maps between languages (French / English, English / French) [J]. Computational linguistics, 2003, 29(2):155–178.

值。它通过查找两个语义之间的最小公共集,并根据需要遍历语义树多远才能找到公共集来打分。采用 WUPS 进行评估时,语义上相似但不相同的单词受到的惩罚相对较少。在前面的例子中,"bald eagle"和"eagle"的相似度是 0.96,而"bald eagle"和"bird"的相似度是 0.88。然而,即使是语义距离比较远的概念,比如"raven"和"writing desk",WUPS 得分也比较高,有 0.4 分。为了解决这个问题,Malinowski 等人[①]建议将 WUPS 分数降至阈值,即低于阈值的分数将按比例降低一个因子,即设置阈值为 0.9,比例系数为 0.1。除了简单的准确性之外,这种改进的 WUPS 度量是用于评估 DAQUAR 和 COCO-QA 性能的标准度量。

WUPS 有两个主要的缺点,首先,尽管使用了阈值版本的 WUP,但某些单词对在词汇上非常相似,但具有非常不同的含义。这对于有关对象属性(如颜色问题)的问题尤为严重。例如,如果正确的答案是"白色",而预测的答案是"黑色",那么这个答案仍然会得到 0.91 分的 WUPS 分数,这似乎过高了。WUPS 的另一个主要问题是它只适用于严格的语义概念,几乎都是单个单词。WUPS 不能用于在 VQA 数据集和 Visual7W 中发现短语或句子的答案。

另一种依赖语义相似度度量的方法是为每个问题收集多个独立的真实答案,这是对 VQA 数据集和 DAQUAR-consensus 所做的。对于 DAQUAR-consensus,平均每个问题收集 5 个人类注释的真实答案。数据集的创建者提出了两种使用这些答案的方法,他们称之为平均共识和最小共识。对于平均共识,最终的分数倾向于注释者提供的答案。对于最小共识,答案需要与至少一个注释器一致。

对于 VQA 数据集,注释器为每个问题生成 10 个答案。这些与精度度量的变化一起使用,精度度量由式(9-4)得到:

$$Accuracy_{VQA} = \min\left(\frac{n}{3}, 1\right) \tag{9-4}$$

其中 n 是拥有与算法相同答案的注释器的总数。使用这个度量,如果算法与三个或更多的注释者达成一致,那么它将在一个问题上得到满分。尽管这种度量方法极大地帮助解决了模糊性问题,但仍然存在大量问题。

评估 VQA 系统的最佳方法仍然是一个开放的问题。每种评价方法都有自己的优缺点。使用的方法取决于数据集是如何构建的、其中的偏差水平以及可用的资源。需要做大量的工作来开发更好的工具来测量答案的语义相似性和处理多字答案。

习　题

1. 视觉问答系统的应用对解决计算机视觉问题来说有哪些优势？

2. 神经模块网络的重要贡献是什么？

3. 动态记忆网络由哪几个模块构成？每个模块分别有哪些作用？

4. 联合嵌入方法有哪些缺点需要改进？

5. 常用的数据集有哪些？

6. 概括一下视觉问答(VQA)的评估方法。